Verallgemeinerte Interpolation und Quadraturen

SCHRIFTENREIHE DES ZENTRALINSTITUTS
FÜR MATHEMATIK UND MECHANIK
BEI DER AKADEMIE DER WISSENSCHAFTEN DER DDR

Herausgeber: Heinz Ahrens, Helmut Koch, Klaus Matthes,
Günther Schmidt, Kurt Schröder

HEFT 25

VERALLGEMEINERTE INTERPOLATION UND QUADRATUREN

VON

WOLFGANG ZIELAS

AKADEMIE-VERLAG · BERLIN
1977

WOLFGANG ZIELAS

VERALLGEMEINERTE INTERPOLATION UND QUADRATUREN

AKADEMIE-VERLAG · BERLIN
1977

Zentralinstitut für Mathematik und Mechanik, 108 Berlin, Mohrenstr. 39
Erschienen im Akademie-Verlag, 108 Berlin, Leipziger Straße 3—4

Lizenznummer: 202 · 100/424/77
Gesamtherstellung: VEB Druckerei „Thomas Müntzer", 582 Bad Langensalza
Bestellnummer: 762 432 0 (2069/25) · LSV 1065
Printed in GDR
DDR 18,— M

Vorwort

Die numerische Mathematik besteht zu einem nicht geringen Teil aus Interpolationsproblemen und ihren Anwendungen. Interpolation bedeutet Approximation einer Funktion durch eine andere, wobei beide an vorgegebenen Stützstellen die gleichen Funktions- oder auch Ableitungswerte annehmen.

Zu den wohl bekanntesten Interpolationsverfahren gehören die LAGRANGE- und NEWTON-Interpolation, die HERMITE-Interpolation, die trigonometrische Interpolation und der Interpolationsalgorithmus von AITKEN und NEVILLE.

Ersetzt man die in diesen Verfahren eine entscheidende Rolle spielenden Faktoren $x - x_i$ bzw. $\sin(x - x_i)$ allgemein durch $h_i(x)$ mit $h_i(x_i) = 0$, so bekommt man verallgemeinerte Interpolationen. Durch spezielle Belegungen der Funktionen $h_i(x)$ entstehen die verschiedensten linearen Interpolationsverfahren.

Anwendungen derartiger Interpolationsansätze auf die Quadratur, die numerische Differentiation, die Spline-Interpolation, die RICHARDSON-Extrapolation und auf RUNGE-KUTTA-Verfahren sind insbesondere bei H. ENGELS zu finden [6, 11].

Während in derartigen Arbeiten primär auf die konstruktive Seite dieser Verfahren Wert gelegt wird, befaßt sich die vorliegende — nach Einführung einer zweiten Klasse von Hilfsfunktionen $g_i(x)$ mit $g_i(x_i) \neq 0$ in die Interpolationsansätze — mit der Klärung mehr theoretischer Fragestellungen.

Auf der Basis derartiger Paare von Hilfsfunktionen $\{h_i, g_i, i = 0, 1, \ldots\}$ werden die verallgemeinerten LAGRANGE-, NEWTON- und AITKEN-NEVILLE-Interpolation definiert. Die trigonometrische Interpolation ergibt sich durch spezielle Belegung der Hilfsfunktionen. Die HERMITE-Interpolation wird als LAGRANGE-Interpolation mit wiederholten Argumenten aufgefaßt.

Die vorliegende Publikation umfaßt vier Kapitel. Das erste Kapitel zeigt, daß diese Interpolationsansätze für vier Klassen solcher Paare $\{h_i, g_i, i = 0, 1, \ldots\}$, genannt Interpolationstypen, weitreichende Verallgemeinerungen der herkömmlichen Polynom- bzw. der trigonometrischen Interpolation bilden. Für diese werden die exakt interpolierbaren Funktionen angegeben und Aussagen über die Identität verschiedener Ansätze wie LAGRANGE, NEWTON usw. formuliert.

Im zweiten Kapitel werden Eigenschaften zweier Interpolationstypen behandelt. Die verallgemeinerte NEWTON-Interpolierende dieser Typen ist eine Orthogonalentwicklung in H^2-Räumen bezüglich eines Bereiches der komplexen Zahlenebene. Der einfachste Spezialfall ist als TAKENAKA-Interpolation bekannt. Die Orthonormaleigenschaft geht wegen der Identität zwischen NEWTON- und LAGRANGE-Interpolierenden auch auf die letztere über und im Fall wiederholter Argumente auch auf die HERMITE-Interpolierende.

Verschiedene Quadraturen werden im dritten Kapitel algebraisch und interpolatorisch charakterisiert. Aus den LAGRANGE- bzw. HERMITE-Interpolierenden mit Orthonormaleigenschaft resultieren optimale Quadraturen in H^2-Räumen. Ein Spezialfall ist die WILFsche Quadratur, deren vollständige interpolatorische Charakterisierung bislang offen war.

Das vierte Kapitel befaßt sich mit Fehlerabschätzungen für Restglieder allgemeiner linearer Approximationsverfahren. Diese ergeben sich aus dem Restglied der verallgemeinerten Interpolation in zwei Varianten, einer der klassischen analogen und einer ableitungsfreien in H^2-Räumen. Die Verfahrenskonstante der letzteren ist wesentlich elementarer berechenbar als die der im Fall der Polynomapproximation gleichwertigen Abschätzungen von PH. J. DAVIS und G. HÄMMERLIN.

An dieser Stelle möchte ich dem Direktor des Zentralinstituts für Mathematik und Mechanik, Herrn Prof. Dr. habil. K. MATTHES, und Herrn Prof. Dr. habil. BACHMANN dafür danken, daß ich die Forschungsarbeiten durchführen und ihre Ergebnisse in dieser Schriftenreihe publizieren konnte. Gleichermaßen gilt mein Dank den Mitarbeitern des Akademie-Verlages für ihre verständnisvolle Beratung und Hilfe. Besonderer Dank gebührt Herrn Dipl.-Math. G. JAHNKE für das sorgfältige Lesen des Manuskripts.

W. ZIELAS

Inhaltsverzeichnis

I. Einige lineare Interpolationsoperatoren

In den folgenden Abschnitten werden verschiedene Interpolationsansätze dargestellt.

Das Argument z der zu interpolierenden Funktion $f(z)$ und die Stützstellen x_i, $i = 0, 1, 2, \dots$, der Interpolation liegen in einem Bereich $\mathcal{B}$. Dieser kann ein endliches einfach zusammenhängendes Gebiet der komplexen Ebene sein oder ein endlicher Abschnitt auf einer sich nicht schneidenden Kurve der komplexen Ebene (z.B. der reellen Zahlengerade).

Die Ausdehnung auf unendliche einfach zusammenhängende Gebiete ist möglich. Es werden hauptsächlich gewisse in $\mathcal{B}$ differenzierbare oder holomorphe Funktionen betrachtet.

Es ist vorerst nicht wesentlich, zu welcher Klasse die zu interpolierende Funktion $f(z)$ gehört und über welchen Argumentbereich (komplexe oder reelle Argumente) verfügt wird. Erst bei der Behandlung der Restglieder dieser Interpolationsansätze werden darüber genauere Angaben getroffen.

1. Verallgemeinerte Lagrange-Interpolation

Ein Ausdruck der Form

$$L_n(f; z) = \sum_{r=0}^{n} f(x_r) \prod_{\substack{i \neq r \\ i=0}}^{n} \frac{z - x_i}{x_r - x_i}$$

heißt Lagrange-Interpolationspolynom. Es gilt

$$L_n(f; x_r) = f(x_r), \qquad r = 0(1)\,n .$$

In [6] behandelt H. Engels die verallgemeinerte Lagrange-Interpolationsfunktion*)

$$L_n(f; z) = \sum_{r=0}^{n} f(x) \prod_{\substack{i \neq r \\ i=0}}^{n} \frac{h_i(z)}{h_i(x_r)}$$

mit

$$h_i(x_i) = 0, \qquad h_i(x_k) \neq 0, \qquad i \neq k,$$

und andere verallgemeinerte Interpolationsansätze, z.B. für die Newton-Reihe und die Aitken-Neville-Interpolation.

---

*) Dieser Ansatz ist bereits in [25] zu finden.

Wir werden als erstes ebenfalls diesen verallgemeinerten LAGRANGE-Interpolationsansatz betrachten, ihn aber durch die Faktoren

$$\prod_{i=0}^{n} \frac{g_i(x_r)}{g_i(z)}, \; r = 0(1)\, n$$

in Gleichung (2) erweitern.

Es sei nun für vorerst willkürliche Interpolationsfunktionen $h_i(z)$, $g_i(z)$, $i = 0(1)\, n$ notiert

$$f(z) = L_n(f; z) + B_{n+1}(f; x_0, \ldots, x_n, z)\, w_n(z), \qquad n = 0, 1, \ldots \tag{1}$$

mit

$$L_n(f; z) = \sum_{r=0}^{n} f(x_r) \prod_{\substack{i \neq r \\ i=0}}^{n} \frac{h_i(z)}{h_i(x_r)} \prod_{i=0}^{n} \frac{g_i(x_r)}{g_i(z)} \tag{2}$$

und $z, x_r \in \mathcal{B}$, $r = 0(1)\, n$.

Die Interpolationsforderung

$$L_n(f; x_r) = f(x_r), \qquad r = 0(1)\, n, \tag{3}$$

wird auf die Interpolationsfunktionen $h_i(z)$ und $g_i(z)$ durch

$$h_i(x_i) = 0, \quad h_i(x_r) \neq 0, \quad i \neq r, \quad i, r, = 0, 1, \ldots, \tag{4}$$

und

$$g_i(z) \neq 0, \quad z \in \mathcal{B} \quad \text{und} \quad i = 0(1)\, n \tag{5}$$

übertragen. Es sei weiter

$$w_n(z) = \prod_{i=0}^{n} \frac{h_i(z)}{g_i(z)}. \tag{6}$$

Dann darf der Ansatz (1) bis (6) als verallgemeinerte LAGRANGE-Interpolation mit Restglied aufgefaßt werden.

Im Fall $g_i(z) \equiv 1$ und $h_i(z) = z - x_i$, $i = 0(1)\, n$, erhält man $f(z)$ als LAGRANGE-Interpolationspolynom mit Restglied

$$f(z) = \sum_{r=0}^{n} f(x_r) \prod_{\substack{i \neq r \\ i=0}}^{n} \frac{z - x_i}{x_r - x_i} + B_{n+1}(f; x_0, \ldots, x_n, z) \prod_{i=0}^{n} (z - x_i).$$

Die Funktion $B_{n+1}(f; x_0, \ldots, x_n, z)$ ist in diesem Fall die klassische Steigung der Ordnung $n + 1$ von f bezüglich der Argumente $x_0, \ldots, x_n$ und z.

Im folgenden heiße L_n verallgemeinerter LAGRANGE-Operator (kurz auch LAGRANGE-Operator). Es ist stets gemeint $L_n(f; z) = L_n(f; z; x_0, \ldots, x_n)$. Die Abhängigkeit von den Stützstellen wird nicht angegeben, wo Irrtümer ausgeschlossen sind. Weiter heiße $B_{n+1}(f; x_0, \ldots, x_{n+1})$ verallgemeinerte LAGRANGE-Steigung der Ordnung $n + 1$ von $f(z)$ bezüglich der Argumente $x_0, \ldots, x_{n+1}$ (kurz auch Steigung).

Aus (1) und (2) folgt

$$\begin{aligned} B_{n+1}(f; x_0, \ldots, x_n, z) &= \frac{f(z) - L_n(f; z)}{w_n(z)} \\ &= f(z) \prod_{i=0}^{n} \frac{g_i(z)}{h_i(z)} - \sum_{r=0}^{n} f(x_r) \prod_{\substack{i \neq r \\ i=0}}^{n} \frac{1}{h_i(x_r)} \frac{1}{h_r(z)} \prod_{i=0}^{n} g_i(x_r), \end{aligned} \tag{7}$$

und speziell für $z = x_{n+1}$ gilt

$$B_{n+1}(f; x_0, \ldots, x_{n+1}) = f(x_{n+1}) \prod_{i=0}^{n} \frac{g_i(x_{n+1})}{h_i(x_{n+1})} - \sum_{r=0}^{n} f(x_r) \prod_{\substack{i \neq r \\ i=0}}^{n} \frac{1}{h_i(x_r)} \frac{1}{h_r(x_{n+1})} \prod_{i=0}^{n} g_i(x_r). \tag{8}$$

Bemerkungen: Die Zugehörigkeit der LAGRANE-Interpolationsfunktion $L_n(f; z)$ zu einer Funktionenklasse wird nur durch die Funktionen $h_i(z)$, $g_i(z)$, $i = 0(1)\,n$ bestimmt. Es wird stets $|f(x_r)| < \infty$, $r = 0(1)\,n$, angenommen.

Die Zugehörigkeit des Restgliedes

$$f(z) - L_n(f; z)$$

zu einer Funktionenklasse wird durch die Funktion $f(z)$ selbst und durch die Interpolationsfunktionen $h_i(z)$, $g_i(z)$, $i = 0(1)\,n$, bestimmt. Sind beispielsweise $h_i(z)$, $g_i(z)$ in einem komplexen Bereich $\mathcal{B}^*$ mit $\mathcal{B} \subseteq \mathcal{B}^*$ holomorph, so ist die Zugehörigkeit des Restgliedes zu einer Funktionenklasse ausschließlich durch $f(z)$ selbst festgelegt, da $h_i(z)$ und $g_i(z)$, $i = 0(1)\,n$, auch in der Funktionenklasse enthalten sind, in der $f(z)$ Element ist. Die Funktion $f(z)$ und das Restglied sind dann Elemente derselben Funktionenklasse.

2. Verallgemeinerte NEWTON-Interpolation

Für $f(z)$ mit $z \in \mathcal{B}$ wird der folgende verallgemeinerte NEWTON-Interpolationsansatz aufgestellt. Es sei

$$f(z) = N_n(f; z) + A_{n+1}(f; x_0, \dots, x_n, z)\, w_n(z) \tag{9}$$

mit

$$N_n(f; z) = \sum_{l=0}^{n} A_l(f; x_0, \dots, x_l)\, \frac{g_l(x_l)}{g_l(z)}\, w_{l-1}(z)\,, \tag{10}$$

$$w_{-1}(z) \equiv 1\,, \quad z \in \mathcal{B}\,, \quad x_r \in \mathcal{B}\,, \quad r = 0(1)\,n\,, \quad n = 0, 1, \dots,$$

sowie $w_k(z)$, $k = 0, 1, \dots$, aus (6).

Aus der Interpolationsforderung

$$N_n(f; x_r) = f(x_r)\,, \quad r = 0(1)\,n\,, \quad n = 0, 1, \dots, \tag{11}$$

folgt im Fall $x_i \neq x_j$ für $i \neq j$, und falls (4) und (5) gelten, das gestaffelte Gleichungssystem

$$f(x_k) = \sum_{l=0}^{k} A_l\, \frac{g_l(x_l)}{g_l(x_k)}\, w_{l-1}(x_k)\,, \quad k = 0(1)\,n\,, \tag{12}$$

aus dem sich die Entwicklungskoeffizienten

$$A_l = A_l(f; x_0, \dots, x_l)$$

sukzessive ermitteln lassen.

Aus (9) bekommen wir außerdem

$$A_{n+1}(f; x_0, \dots, x_n, z) = \frac{f(z) - N_n(f; z)'}{w_n(z)}\,, \quad n = 0, 1, \dots. \tag{13}$$

Im Fall $g_i(z) \equiv 1$ und $h_i(z) = z - x_i$, $\forall i$ gehen (9), (10), (11) in die klassische NEWTON-Reihe mit Restglied über. Dabei ist der Koeffizient $A_{n+1}(f; x_0, \dots, x_n, z)$ die Steigung der Ordnung $n + 1$ von $f(z)$ bezüglich der Argumente $x_0, \dots, x_n$ und z.

In diesem Fall gilt

$$L_n(f; z) \equiv N_n(f; z)$$

und

$$B_{n+1}(f; x_0, \dots, x_n, z) \equiv A_{n+1}(f; x_0, \dots, x_n, z)\,.$$

Im folgenden heiße der Ansatz (9) bis (11) verallgemeinerte NEWTON-Interpolation mit Restglied und der Operator N_n verallgemeinerter NEWTON-Operator (kurz auch NEWTON-Operator). Weiter heiße $A_{n+1} = A_{n+1}(f; x_0, \dots, x_{n+1})$ verallgemeinerte

NEWTON-Steigung von f der Ordnung $n+1$ bezüglich der Stützstellen $x_0, \ldots, x_{n+1}$ (kurz auch Steigung oder Entwicklungskoeffizient).

3. Rekursivität der Interpolationsoperatoren

Definition 1: Jeder der linearen Interpolationsoperatoren $D_n, n = 0,1, \ldots$ mit

$$D_n(f; x_r) = f(x_r)\,, \qquad r = 0(1)\,n\,,$$

für den die Darstellung

$$f(z) = D_n(f; z) + C_{n+1}(z)\, w_n(z) \tag{14}$$

mit $w_n(z)$ aus (6) und

$$C_{n+1}(z) = \frac{f(z) - D_n(f; z)}{w_n(z)}$$

gilt, heißt *rekursiv*, falls

$$D_{n+1}(f; z) = D_n(f; z) + C_{n+1}(x_{n+1}) \frac{g_{n+1}(x_{n+1})}{g_{n+1}(z)} w_n(z) \tag{15}$$

für $z \in \mathscr{B}$ und $n \in \{0, 1, \ldots\}$ erfüllt ist.

Wir wollen untersuchen, für welche Interpolationsfunktionen die LAGRANGE- und NEWTON-Operatoren rekursiv sind.

Satz 1: *Der* NEWTON-*Operator aus* (10) *ist stets rekursiv.*

Beweis: Aus der Definition der Rekursivität folgt

$$D_{n+1}(f; z) = \sum_{l=0}^{n+1} C_l(x_l) \frac{g_l(x_l)}{g_l(z)} w_{l-1}(z)\,.$$

Das heißt, rekursive Interpolationsoperatoren lassen sich stets in Form einer verallgemeinerten NEWTON-Reihe darstellen und umgekehrt.

Bemerkung: Definition 1 ist offensichtlich der verallgemeinerten NEWTON-Interpolation angepaßt bzw. von ihr abgeschaut. Für den LAGRANGE-Operator ist für $g_i(z) \equiv 1$ und $h_i(z) = z - x_i$, $i = 0(1)\,n+1$, die Rekursivität bekannt.

Für willkürlich vorgegebene $h_i(z)$ und $g_i(z)$ können wir diese nicht etwarten.

Wir setzen an

$$S(z) = L_n(f; z) + B_{n+1}(f; x_0, \ldots, x_{n+1}) \frac{g_{n+1}(x_{n+1})}{g_{n+1}(z)} w_n(z)\,.$$

Dann gilt mit (2), (6) und (8)

$$\begin{aligned} S(z) = {} & \sum_{r=0}^{n} f(x_r) \prod_{\substack{i \neq r \\ i=0}}^{n} \frac{h_i(z)}{h_i(x_r)} \prod_{i=0}^{n} \frac{g_i(x_r)}{g_i(z)} + f(x_{n+1}) \prod_{i=0}^{n} \frac{h_i(z)}{h_i(x_{n+1})} \prod_{i=0}^{n+1} \frac{g_i(x_{n+1})}{g_i(z)} \\ & - \sum_{i=0}^{n} f(x_r) \prod_{\substack{i \neq r \\ i=0}}^{n} \frac{h_i(z)}{h_i(x_r)} \frac{h_r(z)}{h_r(x_{n+1})} \prod_{i=0}^{n} \frac{g_i(x_r)}{g_i(z)} \frac{g_{n+1}(x_{n+1})}{g_{n+1}(z)} \\ = {} & \sum_{r=0}^{n} f(x_r) \prod_{\substack{i \neq r \\ i=0}}^{n} \frac{h_i(z)}{h_i(x_r)} \prod_{i=0}^{n} \frac{g_i(x_r)}{g_i(z)} \left\{1 - \frac{h_r(z)\, g_{n+1}(x_{n+1})}{h_r(x_{n+1}) g_{n+1}(z)}\right\} \\ & + f(x_{n+1}) \prod_{i=0}^{n} \frac{h_i(z)}{h_i(x_{n+1})} \prod_{i=0}^{n+1} \frac{g_i(x_{n+1})}{g_i(z)}\,. \end{aligned}$$

Hieraus ist unmittelbar die folgende Aussage ablesbar.

Lemma 1: *Der Operator L_n ist genau dann rekursiv, wenn die Interpolationsfunktionen $h_i(z)$, $g_i(z)$, $i = 0, 1, \dots$ die Bedingung*

$$1 - \frac{h_r(z)\, g_{n+1}(x_{n+1})}{h_r(x_{n+1})\, g_{n+1}(z)} = \frac{h_{n+1}(z)\, g_{n+1}(x_r)}{h_{n+1}(x_r)\, g_{n+1}(z)}, \quad r = 0(1)\, n, \quad n = 0, 1, \dots \tag{16}$$

erfüllen.

Bisher hatten die Interpolationsfunktionen nur den Bedingungen (4) und (5) zu genügen. Soll nun der LAGRANGE-Operator aus (2) rekursiv sein, so erhält man außerdem die kompliziert erscheinende Relation (16) für die Interpolationsfunktionen.

Um (16) aufzulockern, fordern wir

$$h_r(x_{n+1}) = -h_{n+1}(x_r), \quad r = 0(1)\, n. \tag{17}$$

Damit geht (16) in das Additionstheorem für Interpolationsfunktionen

$$h_{n+1}(x_r)\, g_{n+1}(z) + h_r(z)\, g_{n+1}(x_{n+1}) = h_{n+1}(z)\, g_{n+1}(x_r), \tag{18}$$
$$r = 0(1)\, n, \quad n = 0, 1, \dots, \quad r \neq n+1$$

über. Somit erhalten wir das Resultat:

Satz 2: *Erfüllen die Interpolationsfunktionen $h_i(z), g_i(z)$, $i = 0, 1, \dots$, außer* (4) *und* (5) *auch* (17) *und* (18), *so ist der Operator L_n rekursiv.*

Mit (17) erhalten wir aus (8) für die Steigung des LAGRANGE-Operators die einfachere Darstellung

$$B_{n+1}(f; x_0, \dots, x_{n+1}) = \sum_{r=0}^{n+1} f(x_r) \prod_{\substack{i \neq r \\ i=0}}^{n+1} \frac{1}{h_i(x_r)} \prod_{i=0}^{n} g_i(x_r), \quad n = 0, 1, \dots. \tag{19}$$

4. Identität der LAGRANGE- und NEWTON-Interpolation

Satz 3: *Es gilt*

$$L_n(f; z) \equiv N_n(f; z) \tag{20}$$

und

$$B_{n+1}(f; x_0, \dots, x_{n+1}) \equiv A_{n+1}(f; x_0, \dots, x_{n+1}) \tag{21}$$

genau dann, wenn L_n ein rekursiver Operator ist.

Beweis: Für $f(z)$ gelten die Darstellungen

$$f(z) = L_n(f; z) + B_{n+1}(f; x_0, \dots, x_n, z)\, w_n(z) \tag{1}$$

und

$$f(z) = N_n(f; z) + A_{n+1}(f; x_0, \dots, x_n, z)\, w_n(z). \tag{9}$$

Für NEWTON-Operatoren gilt stets (Satz 1)

$$N_{n+1}(f; z) = N_n(f; z) + A_{n+1}(f; x_0, \dots, x_{n+1}) \frac{g_{n+1}(x_{n+1})}{g_{n+1}(z)} w_n(z), \tag{15'}$$

aber nur für rekursive LAGRANGE-Operatoren gilt

$$L_{n+1}(f; z) = L_n(f; z) + B_{n+1}(f; x_0, \dots, x_{n+1}) \frac{g_{n+1}(x_{n+1})}{g_{n+1}(z)} w_n(z). \tag{15''}$$

Wenn nun also für ein $k \in \{0, 1, \dots\}$

$$L_k(f; z) \equiv N_k(f; z)$$

gilt, so folgt aus (1) und (9)

$$B_{k+1}(f; x_0, \dots, x_k, z) \equiv A_{k+1}(f; x_0, \dots, x_k, z).$$

Wegen (15′) und (15″) muß dann aber

$$L_{k+1}(f; z) \equiv N_{k+1}(f; z)$$

sein. Wegen der Interpolationsforderungen (3) und (11) gilt aber

$$L_0(f; z) \equiv N_0(f; z) \equiv f(x_0)\frac{g_0(x_0)}{g_0(z)}\,.$$

Damit ergeben sich die Behauptungen (20) und (21) genau im Fall der Rekursivität des LAGRANGE-Operators.

Da der Operator L_n genau dann rekursiv ist, wenn (16) gilt, so gelten (20) und (21) ebenfalls genau dann, wenn (16) von den Interpolationsfunktionen erfüllt wird. Gleichung (16) wird im folgenden stets durch (17) und (18) ersetzt.

Aus Satz 3 erhalten wir somit

Satz 4: *Wenn die Interpolationsfunktionen* $h_i(z)$, $g_i(z)$, $i = 0, 1, \ldots$, *den Gleichungen* (17) *und* (18) *genügen, so gelten* (20) *und* (21).

Drei einfache Beispiele sollen das bisher Ausgeführte erläutern.

Beispiel 1: Mit

$$h_i(z) = z - x_i\,, \quad g_i(z) \equiv 1\,, \quad i = 0, 1, \ldots,$$

erhält man die klassische LAGRANGE- und NEWTON-Interpolation.

Die Interpolationsfunktionen genügen außer (4) und (5) auch (17) und (18). Der LAGRANGE-Operator ist rekursiv und beide Interpolationsdarstellungen sind identisch.

Beispiel 2: Es sei

$$h_i(z) = \frac{z - x_i}{1 - x_i z}\,, \quad g_i(z) \equiv 1\,, \quad |x_i| < 1\,, \quad i = 0, 1, \ldots, \quad |z| < 1\,.$$

Die Interpolationsfunktionen erfüllen (4), (5) und (17) aber nicht (18). Der LAGRANGE-Operator ist nicht rekursiv und LAGRANGE- und NEWTON-Operator sind nicht identisch.

Sie seien für $n = 1$ notiert

$$L_1(f; z) = f(x_0)\frac{z - x_1}{1 - x_1 z}\,\frac{1 - x_1 x_0}{x_0 - x_1} + f(x_1)\frac{z - x_0}{1 - x_0 z}\,\frac{1 - x_0 x_1}{x_1 - x_0}$$

und

$$N_1(f; z) = A_0 + A_1\frac{z - x_0}{1 - x_0 z}$$

mit

$$A_0 = f(x_0)\,, \quad A_1 = \frac{f(x_1) - f(x_0)}{x_1 - x_0}(1 - x_0 x_1)\,,$$

also

$$N_1(f; z) = f(x_0)\frac{z - x_1}{1 - x_0 z}\,\frac{1 - x_0^2}{x_0 - x_1} + f(x_1)\frac{z - x_0}{1 - x_0 z}\,\frac{1 - x_0 x_1}{x_1 - x_0}\,.$$

Beispiel 3: Es sei

$$h_i(z) = z - x_i\,, \quad g_i(z) = 1 - x_i z\,, \quad |x_i| < 1\,, \quad i = 0, 1, \ldots, \quad |z| < 1\,.$$

Diese Interpolationsfunktionen erfüllen (4), (5), (17) und (18). Das bedeutet, der LAGRANGE-Operator ist rekursiv und LAGRANGE und NEWTON-Interpolation sind identisch. Sie seien für $n = 1$ notiert.

$$L_1(f; z) = f(x_0)\frac{z - x_1}{x_0 - x_1}\,\frac{1 - x_0^2}{1 - x_0 z}\,\frac{1 - x_1 x_0}{1 - x_1 z} + f(x_1)\frac{z - x_0}{x_1 - x_0}\,\frac{1 - x_0 x_1}{1 - x_0 z}\,\frac{1 - x_1^2}{1 - x_1 z}$$

und

$$N_1(f; z) = A_0 \frac{1 - x_0^2}{1 - x_0 z} + A_1 \frac{1 - x_1^2}{1 - x_1 z} \frac{z - x_0}{1 - x_0 z}.$$

Mit

$$A_0 = f(x_0), \quad A_1 = \left(f(x_1) - f(x_0) \frac{1 - x_0^2}{1 - x_0 x_1}\right) \frac{1 - x_0 x_1}{x_1 - x_0} = f(x_0) \frac{1 - x_0^2}{x_0 - x_1} + f(x_1) \frac{1 - x_0 x_1}{x_1 - x_0}$$

ist $L_1(f; z) \equiv N_1(f; z)$ leicht zu bestätigen.

Die Beispiele 1 und 2 werden auch in der Arbeit [6] von H. ENGELS herangezogen (Funktionen $g_i(z)$ existieren dort nicht).

5. Verallgemeinerte AITKEN-NEVILLE Interpolation

Wir betrachten zwei LAGRANGE-Operatoren für die

$$L_n(f; x_r; x_0, \dots, x_n) = f(x_r), \quad r = 0(1)\,n,$$

und

$$L_n(f; x_r; x_0, \dots, x_{n-1}, x_{n+1}) = f(x_r), \quad r = 0(1)\,n-1, \quad n+1$$

gilt. Es sei nun der verallgemeinerte AITKEN-NEVILLE-Operator Q_n, $n = 0, 1, \dots$, definiert durch

$$Q_{n+1}(f; z) = L_n(f; z; x_0, \dots, x_n)\,\varphi_{n+1}(z) + L_n(f; z; x_0, \dots, x_{n-1}, x_{n+1})\,\varphi_n(z), \tag{22}$$

$n = 0, 1, \dots$, mit

$$\varphi_{n+1}(z) = \frac{h_{n+1}(z)}{h_{n+1}(x_n)}, \quad \varphi_n(z) = \frac{h_n(z)}{h_n(x_{n+1})} \tag{23}$$

und $Q_0(f; z) \underset{\text{def.}}{=} L_0(f; z)$.

Satz 5: *Es gelte*

$$h_r(x_k) = -h_k(x_r) \tag{17}$$

und

$$h_{n+1}(x_r) = h_{n+1}(x_n) + h_n(x_r), \quad r = 0(1)\,n-1, \quad n = 1, 2, \dots. \tag{18'}$$

Genau dann hat der Operator Q_{n+1} die Eigenschaft

$$Q_{n+1}(f; x_r) = f(x_r), \quad r = 0(1)\,n+1. \tag{24}$$

Beweis: Nach (22) gilt $Q_{n+1}(f; x_r) = f(x_r)\,\{\varphi_{n+1}(x_r) + \varphi_n(x_r)\}$ für $r = 0(1)\,n-1$. Es ist zu zeigen

$$\varphi_{n+1}(x_r) + \varphi_n(x_r) = \frac{h_{n+1}(x_r)}{h_{n+1}(x_n)} + \frac{h_n(x_r)}{h_n(x_{n+1})} = 1$$

genau dann, wenn (17) und (18') gelten. Mit (17) $h_{n+1}(x_n) = -h_n(x_{n+1})$ folgt dann

$$h_{n+1}(x_r) = h_{n+1}(x_n) + h_n(x_r).$$

Das ist aber gerade (18') bzw. das Additionstheorem (18) im Fall $g_i(z) \equiv 1$ für alle i und bei entsprechender Wahl der Argumente in (18).

Wegen $\varphi_{n+1}(x_n) = \varphi_n(x_{n+1}) = 1$ und $\varphi_{n+1}(x_{n+1}) = \varphi_n(x_n) = 0$ und der Interpolationseigenschaft der LAGRANGE-Operatoren folgt Behauptung (24) auch für $r = n$ und $r = n + 1$. Damit ist Satz 5 bewiesen.

Im Fall $g_i(z) \equiv 1$ und $h_i(z) = z - x_i$ für alle i ist (22) die bekannte AITKEN-NEVILLE Interpolation.

Satz 6: *Die Voraussetzungen* (17) *und* (18′) *des Satzes* 5 *seien erfüllt, und es gelte* $g_i(z) \equiv 1$ *für alle* i. *Dann gilt die Identität*

$$Q_{n+1}(f; z) \equiv L_{n+1}(f; z; x_0, \dots, x_{n+1}), \quad n = 0, 1, 2, \dots . \tag{25}$$

Beweis: Aus (22) folgt mit (2)

$$Q_{n+1}(f; z) = \sum_{r=0}^{n-1} f(x_r) \prod_{\substack{l \neq r \\ l=0}}^{n-1} \frac{h_l(z)}{h_l(x_r)} \left[\frac{h_n(z)}{h_n(x_r)} \varphi_{n+1}(z) + \frac{h_{n+1}(z)}{h_{n+1}(x_r)} \varphi_n(z)\right]$$

$$+ f(x_n) \prod_{\substack{l \neq n \\ l=0}}^{n+1} \frac{h_l(z)}{h_l(x_n)} + f(x_{n+1}) \prod_{l=0}^{n} \frac{h_l(z)}{h_l(x_{n+1})} .$$

Es muß

$$\left[\frac{h_n(z)}{h_n(x_r)} \varphi_{n+1}(z) + \frac{h_{n+1}(z)}{h_{n+1}(x_r)} \varphi_n(z)\right] = \frac{h_n(z)\, h_{n+1}(z)}{h_n(x_r)\, h_{n+1}(x_r)}, \qquad r = 0(1)\, n-1$$

gefordert werden, um (25) zu erfüllen. Hieraus folgt mit (23)

$$\frac{1}{h_n(x_r)\, h_{n+1}(x_n)} + \frac{1}{h_{n+1}(x_r)\, h_n(x_{n+1})} = \frac{1}{h_n(x_r)\, h_{n+1}(x_r)}$$

und mit (17) auch

$$\frac{1}{h_{n+1}(x_n)} \left[\frac{1}{h_n(x_r)} - \frac{1}{h_{n+1}(x_r)}\right] = \frac{1}{h_n(x_r)\, h_{n+1}(x_r)}$$

und weiter das Additionstheorem

$$h_{n+1}(x_r) - h_n(x_r) = h_{n+1}(x_n) \tag{18}$$

im Fall $g_i(z) \equiv 1$, für alle i. Behauptung (25) gilt also unter den Voraussetzungen (17) und (18′).

Bemerkung: Die Ausdehnung des Satzes 6 für Interpolationsfunktionen, die dem Additionstheorem (18) mit $g_i(z) \not\equiv 1$, $\forall i$ genügen, gelingt nicht. Bei einem derartigen Versuch müßte

$$\varphi_{n+1}(z) = \frac{h_{n+1}(z)\, g_{n+1}(x_n)}{h_{n+1}(x_n)\, g_{n+1}(z)}, \qquad \varphi_n(z) = \frac{h_n(z)\, g_n(x_{n+1})}{h_n(x_{n+1})\, g_n(z)}$$

gewählt werden, um für $f(x_n)$ und $f(x_{n+1})$ die richtigen Lagrange-Koeffizienten zur Verfügung zu haben.

Damit erhält man aber nicht die Lagrange-Koeffizienten

$$\prod_{\substack{l \neq r \\ l=0}}^{n+1} \frac{h_l(z)}{h_l(x_r)} \prod_{l=0}^{n+1} \frac{g_l(x_r)}{g_l(z)} \qquad \text{von} \qquad f(x_r), \quad r = 0(1)\, n-1 .$$

Die schon eingeführten Beispiele sollen die Sätze 5 und 6 illustrieren.

Beispiel 1: Die Funktionen $h_i(z) = z - x_i$, $g_i(z) \equiv 1$, $i = 0, 1, \dots$, erfüllen die Forderungen (17) und (18), die Sätze 5 und 6 sind anwendbar. Wir erhalten die klassische Aitken-Neville Interpolation.

Beispiel 2: $h_i(z) = \dfrac{z - x_i}{1 - x_i z}$, $g_i(z) \equiv 1$, $|x_i| < 1$, $i = 0, 1, \dots$, $|z| < 1$. Forderung (18) ist verletzt. Es gelten weder (24) noch (25).

Beispiel 3: $h_i(z) = z - x_i$, $g_i(z) = 1 - x_i z$, $|x_i| < 1$, $i = 0, 1, \dots$, $|z| < 1$.

Die Forderungen (17) und (18) sind erfüllt. Es gilt

$$Q_{n+1}(f; x_r) = f(x_r), \quad r = 0(1)\, n + 1, \tag{24}$$

aber wegen $g_i(z) \not\equiv 1$ nicht die Identität (25).

6. Die Wahl der Interpolationsfunktionen

Im folgenden werden wir meist solche Interpolationsansätze betrachten, bei denen $L_n(f; z) \equiv N_n(f; z)$ oder $L_n(f; z) \equiv Q_n(f; z)$ gilt (Sätze 3 und 6). In diesen Fällen ist auch der LAGRANGE-Operator rekursiv. Es wird nun untersucht, wie die Interpolationsfunktionen $h_i(z)$ und $g_i(z)$ zu wählen sind, um die Identitäten zu bekommen.

Gefordert ist

$$h_i(x_i) = 0, \quad h_i(x_r) \neq 0, \quad i \neq r, \quad i, r = 0, 1, \ldots, \tag{4}$$

$$h_r(x_k) = -h_k(x_r), \quad r, k = 0, 1, \ldots, \tag{17}$$

$$g_i(z) \neq 0, \quad z \in \mathcal{B}, \quad i = 0, 1, \ldots, \tag{5}$$

$$h_k(x_r)\, g_k(z) + h_r(z)\, g_k(x_k) = h_k(z)\, g_k(x_r), \quad r, k = 0, 1, \ldots, \quad \text{und} \quad z \in \mathcal{B}. \tag{18}$$

Satz 7: *Es sei $u(z)$ eine über $\mathcal{B}$ definierte, beschränkte und einfachwertige Funktion. Dann gelten für die mit*

$$h_i(z) = u(z) - u(x_i), \quad g_i(z) \equiv 1, \quad x_i \in \mathcal{B}, \quad \forall i \tag{26}$$

gebildeten Interpolationsoperatoren die Identitäten

$$L_n(f; z) \equiv N_n(f; z) \equiv Q_n(f; z), \quad n = 0, 1, \ldots, \quad z \in \mathcal{B}.$$

Beweis: Es sind die Bedingungen (4), (5), (17) und (18) zu erfüllen. Da $u(z)$ eine über $\mathcal{B}$ beschränkte, einfachwertige Funktion ist, darf

$$u(x_k) \neq u(x_r) \quad \text{für} \quad x_k \neq x_r \tag{27}$$

notiert werden. Damit sind die Bedingungen (4) und (5) offensichtlich erfüllt. Es gilt weiter

$$h_r(x_k) = u(x_k) - u(x_r) = -h_k(x_r). \tag{17}$$

Bedingung (18) reduziert sich auf

$$h_k(x_r) + h_r(z) = u(x_r) - u(x_k) + \big(u(z) - u(x_r)\big) = u(z) - u(x_k) = h_k(z)$$

und ist damit ebenfalls erfüllt.

Satz 8: *Es seien $u(z)$ und $v(z)$ über $\mathcal{B}$ definierte, beschränkte Funktionen mit*

$$\frac{u(z)}{v(z)} \text{ einfachwertig für } z \in \mathcal{B} \tag{28}$$

und

$$|u(z)| < |v(z)|, \quad z \in \mathcal{B}, \tag{29}$$

dann gelten für die mit

$$h_i(z) = u(z)\, v(x_i) - v(z)\, u(x_i), \quad g_i(z) = v(z)\, v(x_i) \, (\mp)\, u(z)\, (ux_i), \tag{30}$$

$x_i \in \mathcal{B}$, $i = 0, 1, \ldots$, gebildeten Interpolationsoperatoren die Identitäten

$$L_n(f; z) \equiv N_n(f; z), \quad n = 0, 1, \ldots.$$

Beweis: Es ist (5) für beide Vorzeichen aus $g_i(z)$ wegen (29) erfüllt. Weiterhin gilt offensichtlich (4) wegen (28) und auch (17), denn (28) ist äquivalent mit $u(x_r)\, v(x_k)$

$\mp v(x_r)\, u(x_k)$. Bedingung (18) ist mit (30) elementar belegbar, wobei (28) vorausgesetzt sei und jedes Vorzeichen aus $g_i(z)$ wahlweise genommen werden darf. Damit ist der Satz bewiesen.

Die Funktionen $u(z)$, $v(z)$ der Sätze 7 und 8 seien Grundfunktionen genannt.

Sie genügen stets der Bedingung

$$u(z)/v(z) \quad \text{ist einfachwertig für} \quad z \in \mathscr{B}\,. \tag{c1}$$

Das ist (28) in Satz 8 und auch die Voraussetzung des Satzes 7, falls $v(z) \equiv 1$ gesetzt wird. Im Fall $g_i(z) \not\equiv 1$ genügen die Grundfunktionen weiterhin der Bedingung (siehe (29))

$$|u(z)/v(z)| < 1\,, \quad \text{für} \quad z \in \mathscr{B}\,. \tag{c2}$$

Im folgenden werden Interpolationsansätze mit

(I) $\quad h_i(z) = u(z) - u(x_i)\,, \qquad g_i(z) \equiv 1\,,$

(II) $\quad h_i(z) = u(z) - u(x_i)\,, \qquad g_i(z) = 1 \mp u(x_i)\, u(z)\,,$

(III) $\quad h_i(z) = u(z)\, v(x_i) - v(z)\, u(x_i)\,, \quad g_i(z) = v(z)\, v(x_i) \mp u(z)\, u(x_i)\,,$

von Interesse und unterschieden sein. Die einzelnen Varianten seien Interpolationstypen genannt. Für die Typen II und III sind 2 Funktionenklassen $g_i(z)$ zugelassen. Erstens in allen $g_i(z)$ wird das Minuszeichen und zweitens in allen $g_i(z)$ wird das Pluszeichen gewählt. Typ I genügt dem Satz 7, Typ II genügt Satz 8 mit $v(z) \equiv 1$ und Typ III genügt ebenfalls Satz 8, wobei hier $v(z) \not\equiv 1$ gewählt werden soll. Wir werden noch den Typ

(IV) $\quad h_i(z) = u(z)\, v(x_i) - v(z)\, u(x_i)\,, \quad g_i(z) \equiv 1\,,$

betrachten. Für diesen ist das Additionstheorem (18) verletzt, das heißt, es besteht keine Identität zwischen den Interpolationsansätzen Lagrange und Newton sowie Lagrange und Aitken-Neville.

Diese Ansätze sind aber stets durchführbar. Bei den Typen II und III wird sich herausstellen, daß man sich bei den Funktionen $g_i(z)$ auf ein Vorzeichen beschränken kann. Der Abschnitt I.8 „Beispiele" wird diese Typenklassifizierung näher erläutern. Von besonderem Interesse werden die Beziehungen zwischen den Typen I und II sein.

Da wir im folgenden fast ausschließlich die Interpolationstypen I bis IV betrachten, werden die Forderungen (4), (5), (17) und (18) an die Interpolationsfunktionen $h_l(z)$, $g_l(z)$ häufig durch die Bedingungen (c1) und (c2) für die Basisfunktionen ersetzt.

Es sei noch bemerkt, daß bei den Typen II und III in $g_i(z)$ die Werte $u(x_i)$ bzw. $u(x_i)$ und $v(x_i)$ durch ihre konjugiert Komplexen $\overline{u(x_i)}$, $\overline{v(x_i)}$ ersetzt werden können, ohne eine der Forderungen an die Interpolationsfunktionen zu verletzen. Auch dieser Fall gehöre zum Typ II bzw. III.

7. Zusammenhänge zwischen den Interpolationstypen

Wir wollen zwischen den Operatoren mit $g_i(z) \equiv 1$ und $g_i(z) \not\equiv 1$ unterscheiden. Es sei notiert

$$L_{n,1}(f; z) = \sum_{r=0}^{n} f(x_r) \prod_{\substack{l \neq r \\ l=0}}^{n} \frac{h_l(z)}{h_l(x_r)} \tag{31}$$

und

$$L_{n,g}(f; z) = \sum_{r=0}^{n} f(x_r) \prod_{\substack{l \neq r \\ l=0}}^{n} \frac{h_l(z)}{h_l(x_r)} \prod_{l=0}^{n} \frac{g_l(x)_r}{g_l(z)}\,, \qquad g_l(z) \not\equiv 1\,. \tag{32}$$

Entsprechend seien auch die Newton-Operatoren mit $N_{n,1}$ und $N_{n,g}$ bezeichnet.

Satz 9: *Es gelten die Beziehungen*

$$L_{n,g}(f;z) = \prod_{l=0}^{n} \frac{1}{g_l(z)} L_{n,1}\left(f \prod_{l=0}^{n} g_l; z\right) \tag{33}$$

und

$$L_{n,1}(f;z) = \prod_{l=0}^{n} g_l(z)\, L_{n,g}\left(f \prod_{l=0}^{n} \frac{1}{g_l}; z\right). \tag{34}$$

Beweis: Gleichung (33) ist unmittelbar aus (31) und (32) ablesbar. Es wird (34) bewiesen.

$$L_{n,1}(f;z) = \sum_{r=0}^{n} f(x_r) \prod_{\substack{i \neq r \\ i=0}}^{n} \frac{h_i(z)}{h_i(x_r)}$$

$$= \prod_{i=0}^{n} g_i(z) \sum_{r=0}^{n} f(x_r) \prod_{i=0}^{n} \frac{1}{g_i(x_r)} \prod_{\substack{i \neq r \\ i=0}}^{n} \frac{h_i(z)}{h_i(x_r)} \prod_{i=0}^{n} \frac{g_i(x_r)}{g_i(z)} = \prod_{i=0}^{n} g_i(z)\, L_{n,g}\left(f \prod_{i=0}^{n} \frac{1}{g_i}; z\right).$$

Damit gilt Satz 9.

Die nach (1) zu (31) und (32) gehörenden Steigungen seien

$$B_{n+1,1}(f; x_0, \ldots, x_{n+1}) = \sum_{r=0}^{n+1} f(x_r) \prod_{\substack{i \neq r \\ i=0}}^{n+1} \frac{1}{h_i(x_r)} \tag{35}$$

und

$$B_{n+1,g}(f; x_0, \ldots; x_{n+1}) = \sum_{r=0}^{n+1} f(x_r) \prod_{i=0}^{n} g_i(x_r) \prod_{\substack{i \neq r \\ i=0}}^{n+1} \frac{1}{h_i(x_r)}. \tag{36}$$

Es wurde hier von der Darstellung (19) für Steigungen ausgegangen, bei der schon

$$h_r(x_k) = -h_k(x_r), \quad r, k = 0(1)\, n+1 \tag{17}$$

berücksichtigt wurde.

Satz 10: *Es gelte* (17), *dann gilt auch*

$$B_{n+1,g}(f; x_0, \ldots, x_{n+1}) = B_{n+1,1}\left(f \prod_{i=0}^{n} g_i; x_0, \ldots, x_{n+1}\right). \tag{37}$$

Beweis: Gleichung (37) ist unmittelbar aus (35) und (36) ablesbar.

Die Sätze 9 und 10 geben einen sehr engen Zusammenhang der Interpolation mit $g_i(z) \equiv 1$ und $g_i(z) \not\equiv 1$ wieder. Satz 10 wird später bei der Restgliederfassung linearer Approximationsregeln herangezogen.

Sind die Lagrange-Operatoren in Satz 9 rekursiv, so können wir aus der Identität zwischen Lagrange- und Newton-Operatoren folgern:

Satz 11: *Genügen die Interpolationsfunktionen* $h_i(z)$, $g_i(z)$ *den Bedingungen* (17) *und* (18), *dann gilt*

$$L_{n,1}(f;z) = \prod_{i=0}^{n} g_i(z)\, N_{n,g}\left(\prod_{i=0}^{n} \frac{1}{g_i}; z\right). \tag{38}$$

Es sei darüber hinaus mit (c 1) *und* (c 2)

$$h_i(z) = u(z) - u(x_i), \quad g_i(z) = 1_{(\mp)}\, u(x_i)\, u(z), \quad i = 0(1)\, n, \quad \text{(Typ II)},$$

nur dann gilt

$$N_{n,1}(f;z) = \prod_{i=0}^{n} g_i(z)\, N_{n,g}\left(f \prod_{i=0}^{n} \frac{1}{g_i}; z\right). \tag{39}$$

Während die Aussagen des Satzes 9 unabhängig von der Rekursivität gelten, sind die Aussagen in Satz 11 an die Rekursivität bzw. an eine Klasse spezieller Interpolationsfunktionen gebunden.

8. Fixelemente

Definition 2: Eine Funktion $q(z)$ heißt *Fixelement eines Interpolationsoperators* D_n, wenn gilt

$$D_n(q; z) = q(z), \qquad z \in \mathcal{B}. \tag{40}$$

Im folgenden werden Fixelemente der Interpolationstypen I bis IV für den LAGRANGE-Operator angegeben. Der NEWTON-Operator hat für die Typen I bis III und der NEVILLE-AITKEN-Operator für Typ I die gleichen Fixelemente wie der LAGRANGE-Operator.

Lemma 2: *Es sei* $q_n(z)$ *Fixelement von* $L_{n,1}$, *dann gilt*

$$\prod_{l=0}^{n} \frac{1}{g_l(z)} q_n(z) = L_{n,g}\left(\prod_{l=0}^{n} \frac{1}{g_l} q_n; z\right). \tag{41}$$

Beweis: Wegen Satz 9, (34) folgt aus der Voraussetzung

$$q_n(z) = L_{n,1}(q_n; z) = \prod_{l=0}^{n} g_l(z)\, L_{n,g}\left(q_n \prod_{l=0}^{n} \frac{1}{g_l}; z\right).$$

Nach Division durch $\prod_{l=0}^{n} g_l(z)$ ist das die Behauptung.

Satz 12: *Es sei mit* (c1) ($u(z)/v(z)$ *ist einfachwertig*)

$$h_i(z) = u(z)\, v(x_i) - v(z)\, u(x_i),$$

dann gilt,

$$q_n(z) = \prod_{l=0}^{n} \frac{1}{g_l(z)} \sum_{l=0}^{n} c_l u^l(z)\, v^{n-l}(z) \tag{42}$$

ist Fixelement von L_n *mit*

$$L_n(f; z) = \sum_{r=0}^{n} f(x_r) \prod_{\substack{l \neq r \\ l=0}}^{n} \frac{h_l(z)}{h_l(x_r)} \prod_{l=0}^{n} \frac{g_l(x_r)}{g_l(z)}. \tag{43}$$

Beweis: Wegen Lemma 2 braucht nur $L_{n,1}(q, z) = q(z)$ mit

$$q(z) = \sum_{l=0}^{n} c_l u^l(z)\, v^{n-l}(z)$$

bewiesen zu werden.

(1) Es seien Zahlen K_r mit $|K_r| < \infty$, $r = 0(1)\,n$ gegeben. Dann ist

$$\sum_{r=0}^{n} K_r \prod_{\substack{i \neq r \\ i=0}}^{n} \frac{u(z)\, v(x_i) - v(z)\, u(x_i)}{u(x_r)\, v(x_i) - v(x_r)\, u(x_i)}$$

von der Gestalt

$$\sum_{l=0}^{n} c_l u^l(z)\, v^{n-l}(z), \qquad |c_l| < \infty, \qquad l = 0(1)\,n,$$

falls (c1) gilt. Denn aus (c1) folgt

$$u(x_r)\, v(x_i) \neq v(x_r)\, u(x_i), \qquad \text{für} \qquad x_r \neq x_i, \qquad i, r = 0(1)\,n.$$

(2) Es ist noch die Eindeutigkeit zu zeigen. Seien etwa die Funktionen

$$\psi(z) = \sum_{l=0}^{n} d_l u^l(z)\, v^{n-l}(z)$$

und

$$\psi^*(z) = \sum_{l=0}^{n} d_l^* u^l(z)\, v^{n-l}(z)$$

mit

$$\psi(x_r) = \psi^*(x_r) = K_r\,, \qquad r = 0(1)\,n$$

vorgelegt, so ist $d_l = d_l^*$, $l = 0(1)\,n$, bzw. $\psi(z) \equiv \psi^*(z)$ zu zeigen.

Da weiter gilt

$$\psi(z) = v^n(z) \sum_{l=0}^{n} d_l \left(\frac{u(z)}{v(z)}\right)^l$$

und

$$\psi^*(z) = v^n(z) \sum_{l=0}^{n} d_l^* \left(\frac{u(z)}{v(z)}\right)^l,$$

so folgt, falls $t = \dfrac{u(z)}{v(z)}$ gesetzt wird, sofort

$$\psi(z) \equiv \psi^*(z) \qquad \text{bzw.} \qquad d_l = d_l^*\,, \qquad l = 0(1)\,n\,,$$

aus der Einfachwertigkeit von $u(z)/v(z)$ für $z \in \mathscr{B}$ und daraus, daß ein Polynom $\sum_{l=0}^{n} d_l t^l$ durch genau $n + 1$ Funktionswerte eindeutig bestimmt ist. Damit ist der Satz bewiesen.

Bemerkung: Im Beweis wurde nicht voll die Forderung (c 1) ausgenutzt, sondern nur die abgeschwächte Folgerung aus (c 1)

$$u(x_r)\, v(x_i) \neq v(x_r)\, u(x_i)\,, \qquad x_r \neq x_i\,, \qquad i, r = 0(1)\,n\,.$$

Für die in Abschnitt 6 aufgeführten Interpolationstypen I bis IV erhält man im Einzelnen nach Satz 12 die Fixelemente:

Typ I: $$q_n(z) = \sum_{l=0}^{n} c_l u^l(z)$$

Typ II: $$q_n(z) = \prod_{i=0}^{n} \frac{1}{1_{(\mp)}\, u(x_i)\, u(z)} \sum_{l=0}^{n} c_l u^l(z)$$

Typ III: $$q_n(z) = \prod_{i=0}^{n} \frac{1}{v(z)\, v(x_i)_{(\mp)}\, u(z)\, u(x_i)} \sum_{l=0}^{n} c_l u^l(z)\, v^{n-l}(z)$$

Typ IV: $$q_n(z) = \sum_{l=0}^{n} c_l u^l(z)\, v^{n-l}(z) \qquad \text{mit} \qquad |c_l| < \infty\,, \qquad l = 0(1)\,n\,.$$

Die Operatoren L_n sind rekursiv für die Typen I bis III. Daraus folgt

$$L_n(q_k; z) = q_k(z) \qquad \text{für} \qquad k \leq n\,,$$

aber für den Lagrange-Operator vom Typ IV gilt die Gleichheit nur im Fall $k = n$.

9. Beispiele

Beispiele vom Typ I:

Beispiel 1: (schon ausgeführt in Abschnitt 4)

$$h_i(z) = z - x_i\,, \qquad g_i(z) \equiv 1\,, \qquad i = 0, 1, 2, \ldots\,, \qquad \text{d. h. } u(z) = z\,.$$

Fixelemente der identischen Interpolationen

$$L_n(f; z) \equiv N_n(f; z) \equiv Q_n(f; z)$$

sind die Funktionen

$$q_n(z) = \sum_{l=0}^{n} c_l z^l, \qquad |c_l| < \infty, \qquad l = 0(1)\,n.$$

Beispiel 4:

$$h_i(z) = e^z - e^{x_i}, \qquad g_i(z) \equiv 1, \qquad i = 0, 1, 2, \ldots, \text{ d. h. } u(z) = e^z.$$

Fixelemente der identischen Interpolationen

$$L_n(f; z) \equiv N_n(f; z) \equiv Q_n(f; z)$$

sind die Funktionen

$$q_n(z) = \sum_{l=0}^{n} c_l\, e^{lz}.$$

Beispiele vom Typ II:

Beispiel 3: (schon aufgeführt im Abschnitt 4)

$$h_i(z) = z - x_i, \qquad g_i(z) = 1 - x_i z, \qquad |x_i| < 1, \qquad i = 0, 1, \ldots, \qquad |z| < 1,$$

d. h.

$$u(z) = z, \qquad v(z) \equiv 1.$$

Fixelemente der identischen Interpolationen

$$L_n(f; z) \equiv N_n(f; z)$$

sind die Funktionen

$$q_n(z) = \prod_{i=0}^{n} \frac{1}{1 - x_i z} \sum_{l=0}^{n} c_l z^l.$$

Beispiel 5:

$$h_i(z) = e^z - e^{x_i}, \qquad g_i(z) = 1 - e^{x_i} e^z,$$

$$|e^{x_i}| < 1, \qquad i = 0, 1, 2, \ldots, \qquad |e^z| < 1.$$

D. h.

$$u(z) = e^z, \qquad v(z) \equiv 1.$$

Fixelemente der identischen Interpolationen

$$L_n(f; z) \equiv N_n(f; z)$$

sind die Funktionen

$$q_n(z) = \prod_{i=0}^{n} \frac{1}{1 - e^{x_i} e^z} \sum_{l=0}^{n} c_1\, e^{lz}.$$

Beispiele vom Typ IV:

Beispiel 6:

$$h_i(z) = \sin(z - x_i) = \sin z \cos x_i - \cos z \sin x_i,$$

$$g_i(z) \equiv 1, \qquad i = 0, 1, 2, \ldots$$

D. h.

$$u(z) = \sin z, \qquad v(z) = \cos z.$$

Der LAGRANGE-Operator L_n hat die Fixelemente

$$q_n(z) = \sum_{l=0}^{n} c_1 \sin^l z \cos^{n-1} z$$

Der LAGRANGE-Operator ist nicht rekursiv und damit ist $q_{n-1}(z)$ nicht Fixelement von L_n.

Beispiel 7:

$$h_i(z) = \sinh(z - x_i) = \sinh z \cosh x_i - \cosh z \sinh x_i$$

$$g_i(z) \equiv 1\,, \qquad i = 0, 1, 2, \ldots\,.$$

Wie Beispiel 6. Es ist nur stets $\sin z$ durch $\sinh z$ und $\cos z$ durch $\cosh z$ zu ersetzen.

Noch ein Beispiel vom Typ I:

Wird im Beispiel 6 der Interpolationsfunktion $h_i(z)$ der Faktor $\cos(z + x_i)$ (oder entsprechend im Beispiel 7 der Faktor $\cosh(z + x_i)$) hinzugefügt, so ergibt sich eine Interpolation vom Typ I.

Beispiel 8:

$$h_i(z) = \sin(z - x_i)\cos(z + x_i) = \tfrac{1}{2}(\sin 2z - \sin 2x_i)\,,$$

$$g_i(z) \equiv 1\,, \qquad i = 0, 1, 2, \ldots\,.$$

D. h.

$$u(z) = \tfrac{1}{2}\sin 2z\,, \qquad v(z) \equiv 1\,.$$

Fixelemente der identischen Interpolationen

$$L_n(f; z) \equiv N_n(f; z) \equiv Q_n(f; z)$$

sind die Funktionen

$$q_n(z) = \sum_{l=0}^{n} c_l \sin^l 2z\,.$$

Beispiele vom Typ III:

Beispiel 9:

$$h_i(z) = \sin(z - x_i) = \sin z \cos x_i - \cos z \sin x_i\,,$$

$$g_i(z) = \cos(z + x_i) = \cos z \cos x_i - \sin z \sin x_i\,, \qquad i = 0, 1, 2, \ldots\,.$$

D. h.

$$u(z) = \sin z\,, \qquad v(z) = \cos z\,.$$

Fixelemente der identischen Interpolationen

$$L_n(f; z) \equiv N_n(f; z)$$

sind die Funktionen

$$q_n(z) = \prod_{i=0}^{n} \frac{1}{\cos z \cos x_i - \sin z \sin x_i} \sum_{l=0}^{n} c_l \sin^l z \cos^{n-l} z\,, \qquad |c_l| < \infty\,, \qquad l = 0(1)\,n\,.$$

Beispiel 10:

$$h_i(z) = \sinh(z - x_i)\,, \qquad g_i(z) = \cosh(z - x_i)\,, \qquad i = 0, 1, 2, \ldots\,.$$

Wie Beispiel 9. Es ist nur stets $\sin z$ durch $\sinh z$ und $\cos z$ durch $\cosh z$ zu ersetzen.

10. Trigonometrische Interpolation

Die Beispiele 6 und 8 aus I.9 sind trigonometrischer Art. Das Beispiel 6, nur wenig verändert, wird in [21] und ausführlicher von Gontscharoff [15] behandelt.

Beispiel 11: Es sei $u(z) = \sin z/2$, $v(z) = \cos z/2$ und damit

$$h_j(z) = \sin\frac{z - x_j}{2} = \sin\frac{z}{2}\cos\frac{x_j}{2} - \cos\frac{z}{2}\sin\frac{x_j}{2}\,, \qquad g_j(z) \equiv 1\,.$$

Es werden LAGRANGE-Funktionen mit geraden Indizes

$$L_{2n}(f; z) = \sum_{r=0}^{2n} f_r \prod_{\substack{i \neq r \\ i=0}}^{2n} \frac{\sin \frac{z - x_i}{2}}{\sin \frac{x_r - x_i}{2}} \tag{B1}$$

betrachtet. Dieser trigonometrischen Interpolation wird gewöhnlich das Intervall $[0, 2\pi)$ zugrunde gelegt. Zusätzlich sei gefordert

$$0 \leqq x_0 < x_1 < \cdots < x_{2n-1} < x_{2n} < 2\pi \tag{B2}$$

und

$$\sin \frac{x_r - x_i}{2} \neq 0\,, \quad i \neq r\,, \quad i, r = 0(1)\,2n\,. \tag{B3}$$

Die Interpolation (B 1) ist mit (B 2) und (B 3) über $[0, 2\pi)$ erklärt, und es gilt

$$L_{2n}(f; x_r) = f_r\,, \quad r = 0(1)\,2n\,.$$

Die Fixelemente von L_{2n} sind gemäß früheren Ausführungen

$$\sum_{l=0}^{2n} c_l \sin^l \frac{z}{2} \cos^{2n-l} \frac{z}{2}\,.$$

Wegen

$$\begin{aligned} \sin \frac{z - x_0}{2} \sin \frac{z - x_1}{2} &= \frac{1}{2}\left[\cos \frac{x_1 - x_0}{2} - \cos \frac{2z - x_0 - x_1}{2}\right] \\ &= \frac{1}{2}\left[\cos \frac{x_1 - x_0}{2} - \cos \frac{x_0 + x_1}{2} \cos z - \sin \frac{x_0 + x_1}{2} \sin z\right] \\ &= a + b \cos z + c \sin z \end{aligned} \tag{B4}$$

bzw.

$$\prod_{\substack{i \neq r \\ i=0}}^{2n} \sin \frac{z - x_i}{2} = c_0 + \sum_{l=1}^{n} (c_l \cos lz + d_l \sin lz) \tag{B5}$$

können wir nun schreiben

$$L_{2n}(f; z) = \frac{a_0}{2} + \sum_{l=1}^{n} (a_l \cos lz + b_l \sin lz)\,. \tag{B6}$$

Das bedeutet, die Fixelemente von L_{2n} lassen sich unter den Voraussetzungen (B 2) und (B 3) stets in der Form

$$\frac{a_0}{2} + \sum_{l=1}^{n} (a_l \cos lz + b_l \sin lz) \tag{B7}$$

notieren.

Im Spezialfall äquidistanter Stützstellen

$$x_k = \frac{2k\pi}{2n + 1}\,, \quad k = 0(1)\,2n\,, \tag{B8}$$

liefert L'_{2n} die bekannte harmonische Analyse mit den Näherungswerten (RIEMANN-Summen)

$$\left.\begin{aligned} \frac{a_0}{2} &= \frac{1}{2n+1} \sum_{r=0}^{2n} f(x_r) \\ a_m &= \frac{2}{2n + 1} \sum_{r=0}^{2n} f(x_r) \cos m x_r \\ b_m &= \frac{2}{2n + 1} \sum_{r=0}^{2n} f(x_r) \sin m x_r \qquad m = 1(1)\,n \end{aligned}\right\} \tag{B9}$$

für die FOURIER-Koeffizienten von $f(z)$, siehe NATANSON [21].

Bemerkungen:

1. Gemäß früheren Überlegungen sind Operatoren L_k mit

$$L_k(f; z) = \sum_{r=0}^{k} f_r \prod_{\substack{i \neq r \\ i=0}}^{k} \frac{u(z)\, v(x_i) - v(z)\, u(x_i)}{u(x_r)\, v(x_i) - v(x_r)\, u(x_i)}$$

nicht rekursiv. Das heißt, auch die Fixelemente von L_k sind im allgemeinen nicht Fixelemente von L_n für $k < n$. Dieses Beispiel lehrt aber, daß eine partielle Rekursivität für den Interpolationstyp IV bestehen kann. Im Fall $u(z) = \sin z/2$, $v(z) = \cos z/2$ besteht diese für gerade Indizes des LAGRANGE-Operators.

2. Die Wahl des Intervalls $[0,2\pi)$ steht im Widerspruch zu den Bedingungen (c 1) und (c 2) über Grundfunktionen $u(z)$, $v(z)$. Werden die $x_k \in (-\pi/2, \pi/2)$ gemäß (c 1) gewählt, so erübrigt sich Forderung (B 3).

3. Wegen der Rekursivität der Operatoren L_{2k}, $k = 0, 1, \ldots$, muß ein NEWTON-Operator N^*_{2k} existieren, so daß

$$L_{2k}(f; z) \equiv N^*_{2k}(f; z)$$

gilt. Man kann sich leicht davon überzeugen, daß etwa im Fall $k = 1$ die NEWTON-Funktion

$$N_{2k}(f; z) = \sum_{l=0}^{2k} A_l \prod_{i=0}^{l-1} \sin \frac{z - x_i}{2}$$

nicht die gesuchte Identität liefert und demzufolge auch nicht die Fixelemente (B 7) besitzt.

4. Wegen der Beziehungen (B 5) und

$$\sin (z - x_0) \prod_{i=1}^{2l} \sin \frac{z - x_i}{2} = A + \sum_{j=1}^{l} (a_j \cos jz + b_j \sin jz) \tag{B 10}$$

kann man sich davon überzeugen, daß

$$N^*_{2n}(f; z) = \sum_{l=0}^{n} A_{2l} \prod_{i=0}^{2l-1} \sin \frac{z - x_i}{2} + \sum_{l=0}^{n-1} A_{2l+1} \sin (z - x_0) \prod_{i=1}^{2l} \sin \frac{z - x_i}{2} \tag{B 11}$$

die in Bemerkung 3. geforderte Identität erfüllt. In obigem Spezialfall äquidistanter Stützstellen (B 8) liefert (B 11) eine interpolatorische Analogie zur harmonischen Analyse.

Ein Vorteil von (B 11) gegenüber der herkömmlichen harmonischen Analyse ist, daß bei nicht erfüllten Genauigkeitsforderungen für ein vorgegebenes n nur einzelne Koeffizienten neu zu berechnen sind, während bei der herkömmlichen harmonischen Analyse fast eine Verdoppelung der benötigten Funktionswerte vorgenommen werden muß (genauer, es wird von n zu $2n$ übergegangen).

11. Die Steigungen rekursiver Operatoren

Im klassischen Fall $h_i(z) = z - x_i$, $g_i(z) \equiv 1$, $i = 0, 1, \ldots$, gelten rekursive Beziehungen für die Steigungen. Analoge Beziehungen bestehen auch für die Steigungen rekursiver Operatoren.
15. 10.

Satz 13: *Es sei*

$$f(z) = D_n(f; z) + A_{n+1}(f; x_0, \ldots, x_n, z) \prod_{i=0}^{n} \frac{h_i(z)}{g_i(z)} \tag{14'}$$

mit rekursivem linearem Interpolationsoperator D_n, dann gilt

$$A_{n+1}(f; x_0, \dots, x_{n+1}) = \frac{A_n(f; x_0, \dots, x_{n-1}, x_{n+1})\, g_n(x_{n+1}) - A_n(f; x_0, \dots, x_n)\, g_n(x_n)}{h_n(x_{n+1})} . \tag{44}$$

Beweis: In (14′) sei $D_n(f; z)$ mit Hilfe der Definition rekursiver Interpolationsoperatoren in der Form

$$D_n(f; z) = D_{n-1}(f; z) + A_n(f; x_0, \dots, x_n) \frac{g_n(x_n)}{g_n(z)} \prod_{i=0}^{n-1} \frac{h_i(z)}{g_i(z)}$$

geschrieben. Dann erhalten wir nach Umformung

$$\frac{f(z) - D_{n-1}(f; z)}{\prod_{i=0}^{n-1} \frac{h_i(z)}{g_i(z)}} = A_n(f; x_0, \dots, x_n) \frac{g_n(x_n)}{g_n(z)} + A_{n+1}(f; x_0, \dots, x_n, z) \frac{h_n(z)}{g_n(z)} . \tag{*}$$

Aus (14′) erhalten wir, indem n durch $n-1$ ersetzt wird,

$$A_n(f; x_0, \dots, x_{n-1}, z) = \frac{f(z) - D_{n-1}(f; z)}{w_{n-1}(z)} .$$

Damit und mit $z = x_{n+1}$ bekommen wir aus (*)

$$A_n(f; x_0, \dots, x_{n-1}, x_{n+1})\, g_n(x_{n+1}) = A_n(f; x_0, \dots, x_n)\, g_n(x_n) + A_{n+1}(f; x_0, \dots, x_{n+1})\, h_n(x_{n+1})$$

und hieraus sofort die Behauptung (44).

12. Taylor-Reihen

Bei den bisher betrachteten Interpolationsoperatoren Lagrange, Newton, Aitken-Neville wurde für die Stützstellen $x_i \neq x_j$ für $i \neq j$ vorausgesetzt. Diese Voraussetzung ist wesentlich für die Interpolationseigenschaft

$$D_n(f; x_r) = f(x_r) , \quad r = 0(1)\, n ,$$

der betrachteten Operatoren. Sie geht aber nicht in den Satz über die Fixelemente oder die Sätze über die Beziehungen zwischen den Interpolationstypen ein. Wird diese Voraussetzung weggelassen, so bleiben diese wesentlichen Eigenschaften erhalten, wohl aber ändert sich die Bauart (Schreibweise) der Operatoren.

Definition 3: Es sei D_n ein linearer Interpolationsoperator mit

$$D_n(f; x_r) = D_n(f; x_r; x_0, \dots, x_n) = f(x_r) , \quad r = 0(1)\, n$$

für $x_i \neq x_r$, $i \neq r$, , $i = 0(1)\, n$. Dann sei der D_n im Punkt x_0 zugeordnete Taylor-Operator T_n durch

$$T_n(f; z) = D_n(f; z; x_0, \dots, x_0) \tag{45}$$

definiert.

Diese Definition läßt zwei Möglichkeiten der Bildung des Taylors-Operators zu. Erstens wird für rekursive Operatoren, die sich nach Definition 1 in der Form

$$D_n(f; z) = \sum_{l=0}^{n} A_l(f; x_0, \dots, x_l) \frac{g_l(x_l)}{g_l(z)} \prod_{i=0}^{l-1} \frac{h_i(z)}{g_i(z)} \tag{46}$$

schreiben lassen, formal $x_l = x_0$, $l = 1(1)\, n$ gesetzt.

Damit folgt

$$T_n(f; z) = \frac{g_0(x_0)}{g_0(z)} \sum_{l=0}^{n} A_l(f; x_0, \ldots, x_0) \left(\frac{h_0(z)}{g_0(z)}\right)^l, \quad n = 0, 1, \ldots, \tag{47}$$

wobei die Steigungen $A_l(f; x_0, \ldots, x_0)$ nun als Funktionen nur eines Argumentes x_0 aufgefaßt werden dürfen,

$$A_l(f; x_0, \ldots, x_0) = A_l(f; x_0).$$

Zweitens darf folgende Grenzwertbildung vorgenommen werden

$$T_n^*(f; z) = \lim_{\substack{x_i \to x_0 \\ i=1(1)n}} D_n(f; z). \tag{48}$$

Während im zweiten Fall der Grenzwert des Operators D_n direkt gebildet wird, wurde im ersten Grenzwertbildung und Summation vertauscht. Beide Auffassungen sind berechtigt. Es wird sich zeigen, daß T_n und T_n^* nicht in allen Fällen identisch sind. Beide Operatoren haben jedoch die zu erwartende Eigenschaft

$$T_n^{(k)}(f; x_0) = T_n^{*(k)}(f; x_0) = f^{(k)}(x_0), \quad k = 0(1)\, n. \tag{49}$$

Es folgen Aussagen über den Operator T_n.

Lemma 3: *Existieren die Ableitungen $\varphi^{(k)}(z)$, $k = 1(1)\, n$, der Funktion $\varphi(z)$ an der Stelle x_0, dann gilt mit $g_0(z) \equiv 1$*

$$A_k(\varphi; x_0) = A_k(\varphi; x_0, \ldots, x_0) = \frac{\varphi^{(k)}(x_0) - T_{k-1}^{(k)}(\varphi; x_0)}{k!\,(h_0'(x_0))^k}, \quad k = 1(1)\, n. \tag{50}$$

Beweis: Es sei $\varphi(z)$ in der Form

$$\varphi(z) = T_{k-1}(\varphi; z) + A_k(\varphi; x_0, \ldots, x_0)\, h_0^k(z) + A_{k+1}(\varphi; x_0, \ldots, x_0, z)\, h_0^{k+1}(z)$$

aufgeschrieben. Da

$$\frac{d^k}{dz^k}(A_{k+1}(\varphi; x_0, \ldots, x_0, z)\, h_0^{k+1}(z)) = 0, \quad \text{für} \quad z = x_0$$

gilt, folgt

$$\varphi^{(k)}(x_0) - T_{k-1}^{(k)}(\varphi; x_0) = A_k(\varphi; x_0, \ldots, x_0)\, (h_0^k(z))_{|x_0}^{(k)} \tag{*}$$

und auch

$$T_k^{(k)}(\varphi; x_0) - T_{k-1}^{(k)}(\varphi; x_0) = A_k(\varphi; x_0, \ldots, x_0)\, (h_0^k(z))_{|x_0}^{(k)} \tag{**}$$

für $k = 1(1)\, n$. Mit $(h_0^k(z))_{|x_0}^{(k)} = k!\,(h_0'(x_0))^k$ folgt aus (*) Behauptung (50) und damit Lemma 3.

Der Vergleich von (*) und (**) liefert $T_k^{(k)}(\varphi; x_0) = \varphi^{(k)}(x_0)$ aus (49) im Fall $g_0(z) \equiv 1$. Der Fall $g_0(z) \not\equiv 1$ läßt sich ebenso notieren.

Lemma 4: *Existieren die Ableitungen $\varphi^{(k)}(z)$, $k = 1(1)\, n$, der Funktion $\varphi(z)$ an der Stelle x_0, dann gilt mit $g_0(z) \equiv 1$*

$$A_k(\varphi; x_0) = \frac{A_{k-1}'(\varphi; x_0)}{k \cdot h'(x_0)}, \quad k = 1(1)\, n. \tag{51}$$

Beweis: Es wird benutzt ((*) aus dem Beweis von Lemma 3)

$$A_{k-1}(\varphi; x_0) = \left.\frac{\varphi^{(k-1)}(z) - T_{k-2}^{(k-1)}(\varphi; z)}{(h_0^{k-1}(z))^{(k-1)}}\right|_{x_0}.$$

Daraus folgt

$$\frac{\mathrm{d}}{\mathrm{d}z} A_{k-1}(\varphi; z)|_{x_0} = A'_{k-1}(\varphi; x_0)$$

$$= \left. \frac{\varphi^{(k)}(z) - T^{(k)}_{k-1}(\varphi; z) - \dfrac{\varphi^{(k-1)}(z) - T^{(k-1)}_{k-2}(\varphi; z)}{(h_0^{k-1}(z))^{(k-1)}} (h_0^{k-1}(z))^{(k)}}{(h_0^{k-1}(z))^{(k-1)}} \right|_{x_0}$$

$$= \left. \frac{\varphi^{(k)}(z) - T^{(k)}_{k-1}(\varphi; z)}{(h_0^k(z))^{(k)}} \cdot \frac{(h_0^k(z))^{(k)}}{(h_0^{k-1}(z))^{(k-1)}} \right|_{x_0} = A_k(\varphi; x_0) \left. \frac{(h_0^k(z))^{(k)}}{(h_0^{k-1}(z))^{(k-1)}} \right|_{x_0} .$$

Wegen $(h_0^l(z))^{(l)} = l!(h_0'(x_0))^l$ folgt

$$A'_{k-1}(\varphi; x_0) = A_k(\varphi; x_0)\, k h_0'(x_0)$$

und daraus unmittelbar die Behauptung.

Wir haben nun 2 Darstellungen der Koeffizienten $A_k(\varphi; x_0, \dots, x_0)$ des Operators T_n im Fall $g_0(z) \equiv 1$.

Bemerkung: Im klassischen Fall $h_i(z) = z - x_i$, $g_i(z) \equiv 1$, $\forall i$ erhalten wir wegen $h_i'(z) = 1$ einfacher aus (51)

$$A_n(\varphi; x_0) = \frac{1}{n} A'_{n-1}(\varphi; x_0) = \frac{1}{n \cdot (n-1)} A''_{n-2}(\varphi; x_0) = \dots = \frac{1}{n!} A_0^{(n)}(\varphi; x_0) = \frac{1}{n!} \varphi^{(n)}(x_0) .$$

Im allgemeineren Fall hingegen liefert Lemma 4 die kompliziertere Verkettung

$$A_n(\varphi; x_0) = \frac{A'_{n-1}(\varphi; x_0)}{n h_0'(x_0)} = \frac{\left(\dfrac{A'_{n-2}(\varphi; z)}{(n-1)\, h_0'(z)} \right)'_{|x_0}}{n h_0'(x_0)}$$

usw. Wird wie in Satz 10 aus I.7 mit $A_{k,1}$ der Koeffizient mit $g_i(z) \equiv 1$ und mit $A_{k,g}$ der mit $g_i(z) \not\equiv 1$ bezeichnet, so gilt

$$A_{k,g}(f; x_0) = A_{k,1}(f g_0^k; x_0) .$$

Damit wird (47) in die Form

$$T_n(f; z) = \frac{g_0(x_0)}{g_0(z)} \sum_{l=0}^{n} A_{l,1}(f g_0^l; x_0) \left(\frac{h_0(z)}{g_0(z)} \right)^l \tag{52}$$

gebracht. Diese ist gültig für $g_0(z) \equiv 1$ und auch für $g_0(z) \not\equiv 1$. Die Berechnung der Koeffizienten erfolgt über (50) oder (51).

Im Fall $g_0(z) \equiv 1$ lauten die ersten TAYLOR-Funktionen, geordnet nach Ableitungen von $f(z)$,

$$\left. \begin{aligned} T_{0,1}(f; z) &= f(x_0) , \\ T_{1,1}(f; z) &= f(x_0) + f'(x_0) \frac{h_0(z)}{h_0'(x_0)} , \\ T_{2,1}(f; z) &= f(x_0) + f'(x_0) \frac{h_0(z)}{h_0'(x_0)} \left[1 - \frac{1}{2} \frac{h_0(z)}{h_0'(x_0)} \frac{h_0''(z_0)}{h_0'(x_0)} \right] + f''(x_0) \frac{1}{2} \left(\frac{h_0(z)}{h_0'(x_0)} \right)^2 \end{aligned} \right\} \tag{53}$$

und allgemeiner ($g_0(z) \neq 0$ in $\mathscr{B}$)

$$\left. \begin{aligned} T_{0,g}(f; z) &= \frac{g_0(x_0)}{g_0(z)} f(x_0) , \\ T_{1,g}(f; z) &= \frac{g_0(x_0)}{g_0(z)} \left\{ f(x_0) \left[1 + \frac{h_0(z)}{h_0'(x_0)} \frac{g_0'(x_0)}{g_0(z)} \right] + f'(x_0) \frac{h_0(z)}{h_0'(x_0)} \frac{g_0(x_0)}{g_0(z)} \right\} \end{aligned} \right\} . \tag{54}$$

Die Operatoren aus (52) bzw. (53) und (54) sind rekursiv und Grenzwerte rekursiver Operatoren D_n.

Wir wenden uns zwei Sonderfällen des Operators T_n zu.

Im Fall $h_i(z) = u(z) - u(x_i)$, $g_i(z) \equiv 1$ oder $g_i(z) = 1 (\mp) u(z)\, u(x_i)$, $i = 0(1)\, n$, erhält man aus (51) auch

$$A_k(\varphi; x_0) = \frac{\left.\dfrac{\mathrm{d}A_{k-1}(\varphi; z)}{\mathrm{d}z}\right|_{x_0}}{\left.k\,\dfrac{\mathrm{d}(u(z) - u(x_i))}{\mathrm{d}z}\right|_{x_0}} = \left.\frac{\mathrm{d}A_{k-1}(\varphi; z)}{k\,\mathrm{d}u}\right|_{x_0} = \left.\frac{\mathrm{d}^k\,\varphi(z)}{k!\,\mathrm{d}u^k}\right|_{x_0} \tag{51'}$$

und mit $\varphi(z) = f(z)\, g_0^k(z)$ auch

$$T_{n,g}(f; z) = \frac{g_0(x_0)}{g_0(z)} \sum_{l=0}^{n} \frac{1}{l!} \left.\frac{\mathrm{d}^l(f(z)\, g_0^l(z))}{\mathrm{d}u^l}\right|_{x_0} \cdot \left(\frac{h_0(z)}{g_0(z)}\right)^l . \tag{52'}$$

Wir wenden uns den Operatoren T_n^* zu.

Für den Typ I darf wegen der im klassischen Fall

$$h_i(t) = t - x_i\,, \quad g_i(t) \equiv 1\,, \quad i = 0(1)\, n$$

wohlbekannten Identität

$$L_n(f; t) \equiv N_n(f; t)$$

und der Eindeutigkeit der TAYLOR-Reihenbildung, also wegen

$$T_n^*(f; t) = T_n(f; t)\,, \tag{*}$$

wie folgt geschlossen werden. Wir benutzen in (*) die Transformation

$$t = u(z)$$

und erhalten wegen der Identität von LAGRANGE- und NEWTON-Operatoren beim Typ I aus (*) sofort

$$T_{n,1}^*(f; z) \equiv T_{n,1}(f; z)\,. \tag{55}$$

Beim Typ II, $h_i(z) = u(z) - u(x_i)$, $g_i(z) = 1 (\mp) u(z)\, u(x_i)$, $o = 0(1)\, n$ darf mit Satz 9 geschlossen werden

$$T_{n,g}^*(f; z) = \left(\frac{1}{g_0(z)}\right)^{n+1} T_{n,1}^*(f g_0^{n+1}; z) = \left(\frac{1}{g_0(z)}\right)^{n+1} T_{n,1}(f g_0^{n+1}; z)\,. \tag{56}$$

Die Eigenschaft (49) kann auch hier elementar belegt werden.

Es seien die ersten TAYLOR-Funktionen mit Hilfe von (56) und (53) notiert

$$T_{0,g}^*(f; z) = \frac{g_0(x_0)}{g_0(z)} f(x_0)\,,$$

$$T_{1,g}^*(f; z) = \frac{1}{g_0^2(z)} \left\{ f(x_0)\, g_0^2(x_0) + (f(z)\, g_0^2(z))'_{|x_0} \cdot \frac{h_0(z)}{h_0'(x_0)} \right\},$$

$$T_{2,g}^*(f; z) = \frac{1}{g_0^3(z)} \left\{ f(x_0)\, g_0^3(x_0) + (f(z)\, g_0^3(z))'_{|x_0} \frac{h_0(z)}{h_0'(x_0)} \left[1 - \frac{1}{2} \frac{h_0(z)}{h_0'(x_0)} \frac{h_0''(x_0)}{h_0'(x_0)}\right] \right.$$
$$\left. + (f(z)\, g_0^3(z))''_{|x_0} \frac{1}{2} \left(\frac{h_0(z)}{h_0'(x_0)}\right)^2 \right\}.$$

Sortiert nach Ableitungen folgt z.B. im Fall $n = 1$

$$T_{1,g}^*(f; z) = \left(\frac{g_0(x_0)}{g_0(z)}\right)^2 \left\{ f(x_0) \left[1 + 2 \frac{h_0(z)}{h_0'(x_0)} \frac{g_0'(x_0)}{g_0(x_0)}\right] + f'(x_0) \frac{h_0(z)}{h_0'(x_0)} \right\}. \tag{57}$$

Der Vergleich mit $T_{1,g}$ aus (54) liefert

$$T^*_{1,g}(f; z) \not\equiv T_{1,g}(f; z).$$

Es ist aber

$$T^{*(k)}_{1,g}(f; x_0) = T^{(k)}_{1,g}(f; x_0) = f^{(k)}(x_0), \qquad k = 0, 1.$$

Wir wenden uns dem Interpolationstyp IV zu.

Soweit LAGRANGE-Operatoren rekursiv sind, befindet sich ein ihnen zugeordneter TAYLOR-Operator unter den Operatoren T_n aus (52). Es besteht nun der folgende Sachverhalt: Unter den durch (52) beschriebenen Operatoren kann nicht der L_n mit $h_i(z) = u(z)\,v(x_i) - v(z)\,u(x_i)$, $g_i(z) \equiv 1$, $i = 0(1)\,n$ (Typ IV) zugeordnete TAYLOR-Operator enthalten sein, da dieser Operator nicht rekursiv ist. Der Operator T_1 aus (53) ist nur dem Operator N_1 mit eben diesen Interpolationsfunktionen $h_i(z)$, $g_i(z)$ zugeordnet.

Es sei der Operator (Typ IV im Fall $n = 1$)

$$T^*_{1,1}(f; z) = \lim_{x_1 \to x_0} \left[f(x_0) \frac{u(z)\,v(x_1) - v(z)\,u(x_1)}{u(x_0)\,v(x_1) - v(x_0)\,u(x_1)} + f(x_1) \frac{u(z)\,v(x_0) - v(z)\,u(x_0)}{u(x_1)\,v(x_0) - v(x_1)\,u(x_0)} \right] \tag{58}$$

angegeben. Es ergibt sich, falls $f'(x_0)$ existiert,

$$T^*_{1,1}(f; z) = -f(x_0) \frac{u(z)\,v'(x_0) - v(z)\,u'(x_0)}{h_0'(x_0)} + f'(x_0) \frac{h_0(z)}{h_0'(x_0)} \tag{59}$$

mit

$$h_0(z) = u(z)\,v(x_0) - v(z)\,u(x_0)$$

und

$$T^*_{1,1}(f; x_0) = f(x_0), \qquad T^{*\prime}_{1,1}(f; x_0) = f'(x_0).$$

Mit (56) erhält man aus (59) den Operator $T^*_{1,g}$. Geordnet nach Ableitungen von $f(z)$ gilt für den Interpolationstyp III

$$T^*_{1,g}(f; z) = \left(\frac{g_0(x_0)}{g_0(z)}\right)^2 \left\{ f_0 \left[- \frac{u(z)\,v_0' - v(z)\,u_0'}{h_0'(x_0)} + 2 \frac{h_0(z)}{h_0'(x_0)} \frac{g_0'(x_0)}{g_0(x_0)} \right] + f_0' \frac{h_0(z)}{h_0'(x_0)} \right\}. \tag{60}$$

Mit

$$\left[- \frac{u(z)\,v'(x_0) - v(z)\,u'(x_0)}{h_0'(x_0)} \right] = \left[\frac{g_0(z)}{g_0(x_0)} - \frac{h_0(z)}{h_0'(x_0)} \frac{g_0'(x_0)}{g_0(x_0)} \right]$$

kann für den Typ IV auch geschrieben werden

$$T^*_{1,1}(f; z) = f_0 \left[\frac{g_0(z)}{g_0(x_0)} - \frac{h_0(z)}{h_0'(x_0)} \frac{g_0'(x_0)}{g_0(x_0)} \right] + f_0' \frac{h_0(z)}{h_0'(x_0)} \tag{59'}$$

und für den Typ III mit (60)

$$T^*_{1,g}(f; z) = \left(\frac{g_0(x_0)}{g_0(z)}\right)^2 \left\{ f_0 \left[\frac{g_0(z)}{g_0(x_0)} + \frac{h_0(z)}{h_0'(x_0)} \frac{g_0'(x_0)}{g_0(x_0)} \right] + f_0' \frac{h_0(z)}{h_0'(x_0)} \right\}. \tag{60'}$$

In Formel (59′) wurde die Funktion $g_0(z) = v(z)\,v(x_0)\ (\mp)\ u(z)\,u(x_0)$ nur formal eingeführt. Dieser Operator steht aber für den Typ IV ($g_0(z) \equiv 1$).

Bemerkung: $T_{1,g}$ aus (54) und $T^*_{1,g}$ aus (60′) sind identisch. Darstellung (54) gilt für alle rekursiven Interpolationsoperatoren, während (60′) speziell für den Typ III hergeleitet wurde. Es gilt für den Typ III und auch für den Typ I die Identität $T^*_1(f; z) \equiv T_1(f; z)$. Durch den Vergleich von (54) und (57) erhielten wir diese Identität für den Typ II nicht.

Die hier durchgeführten Betrachtungsweisen sind nicht die einzig Möglichen, um TAYLOR-Operatoren zu erhalten. H. ENGELS [6] hat TAYLOR-Operatoren über algebraische Bestimmungsgleichungen ermittelt.*) Die auf diesem Wege ermittelten TAYLOR-Operatoren sind im Fall $g_i(z) \equiv 1, \forall i$ identisch mit denen aus (53) und zwar unabhängig vom Interpolationstyp. Der Vorteil der mit Grenzwerten arbeitenden Betrachtungsweise liegt darin, daß TAYLOR-Operatoren lediglich Spezialfälle von LAGRANGE- oder NEWTON-Operatoren sind und daß damit ihre Fixelemente bekannt sind, falls die der LAGRANGE- und NEWTON-Operatoren zur Verfügung stehen.

Der Vorteil der algebraischen Bestimmung von TAYLOR-Operatoren liegt in der Einheitlichkeit der Darstellung. So liefern z.B. die Operatoren aus (52) bzw. (53) auch für den Interpolationstyp IV die Beziehung

$$T_{n,1}^{(k)}(f; x_0) = f^{(k)}(x_0)\,, \qquad k = 0(1)\,n\,.$$

13. HERMITE-Interpolation

Definition 4. Einen LAGRANGE-Operator L_n mit

$$L_n(f; z) = L_n(f; z; x_0, \ldots, x_n)$$

nennen wir HERMITE-*Operator***), wenn wenigstens für zwei Argumente x_i, x_j gilt:

$$x_i = x_j \quad \text{für} \quad i \neq j\,,\ i, j \in \{0, 1, \ldots, n\}\,.$$

Die im vorigen Abschnitt behandelten TAYLOR-Operatoren sind also spezielle HERMITE-Operatoren, falls sie sich als Grenzwert von LAGRANGE-Operatoren auffassen lassen.

Insbesondere wird der Operator L_{2n-1} mit

$$L_{2n-1}(f; z; x_1, x_1, x_2, x_2, \ldots, x_n, x_n) \equiv H_n(f; z) \tag{61}$$

für die später zu betrachtenden GAUSS-Quadraturen von Interesse sein. Wir betrachten HERMITE-Operatoren stets als Grenzwerte von LAGRANGE-Operatoren. So ist z.B.

$$H_n(f; z) = \lim_{\substack{x_{n+i} \to x_i \\ i=1(1)n}} L_{2n-1}(f; z; x_1, x_2, \ldots, x_n)\,.$$

Es folgen vorbereitende Aussagen.

Lemma 5: *Für $k \leqq n$ gilt stets*

$$L_n(f; z; x_0, \ldots, x_n) = \prod_{i=k+1}^{n} \frac{h_i(z)}{g_i(z)} L_k\left(f \prod_{i=k+1}^{n} \frac{g_i}{h_i}; z; x_0, \ldots, x_k\right)$$
$$+ \prod_{i=0}^{k} \frac{h_i(z)}{g_i(z)} L_{n-k-1}\left(f \prod_{i=0}^{k} \frac{g_i}{h_i}; z; x_{k+1}, \ldots, x_n\right). \tag{62}$$

Beweis: Den Definitionsansatz (2) des LAGRANGE-Operators schreiben wir für $k \leqq n$ in der Form

$$L_n(f; z) = \sum_{r=0}^{k} f_r \prod_{\substack{i \neq r \\ i=0}}^{n} \frac{h_i(z)}{h_i(x_r)} \prod_{i=0}^{n} \frac{g_i(x_r)}{g_i(z)} + \sum_{r=k+1}^{n} f_r \prod_{\substack{i \neq r \\ i=0}}^{n} \frac{h_i(z)}{h_i(x_r)} \prod_{i=0}^{n} \frac{g_i(x_r)}{g_i(z)}\,. \tag{*}$$

---

*) Explizit sind von H. ENGELS angegeben (S. 95)

$$T_1(f; z) = f_0 + f_0' \frac{h_0(z)}{h_0'(x_0)}\,; \qquad T_2(f; z) = f_0 + f_0' \frac{h_0(z)}{h_0'(x_0)} + f_0'' \frac{1}{2}\left(\frac{h_0(z)}{h_0'(x_0)}\right)^2.$$

Der erste Operator ist richtig. Beim zweiten fehlt das Glied

$$-\frac{1}{2} f_0' \frac{h_0(z)}{h_0'(x_0)} \frac{h_0''(x_0)}{h_0'(x_0)}\,.$$

In dieser Form gilt i. a.

$$T_2''(f; x_0) \neq f_0''\,.$$

**) Entsprechend können auch HERMITE-Operatoren über die NEWTON-Operatoren erklärt werden.

Es gilt weiter

$$\sum_{r=0}^{k} f_r \prod_{\substack{i \neq r\\ i=0}}^{n} \frac{h_i(z)}{h_i(x_r)} \prod_{i=0}^{n} \frac{g_i(x_r)}{g_i(z)} = \prod_{i=k+1}^{n} \frac{h_i(z)}{g_i(z)} \sum_{r=0}^{k} f_r \prod_{i=k+1}^{n} \frac{g_i(x_r)}{h_i(x_r)} \prod_{\substack{i \neq r\\ i=0}}^{k} \frac{h_i(z)}{h_i(x_r)} \prod_{i=0}^{k} \frac{g_i(x_r)}{g_i(z)}$$

$$= \prod_{i=k+1}^{n} \frac{h_i(z)}{g_i(z)} L_k\left(f \prod_{i=k+1}^{n} \frac{g_i}{h_i}\, ;\, z;\, x_0, \ldots, x_k\right).$$

Entsprechend wird mit dem zweiten Summanden in (*) verfahren. Dann erhalten wir in Verbindung mit (*) die Behauptung.

Aus Lemma 5 erhält man sofort mit

$$\lim_{\substack{x_i \to x_0\\ i=1(1)k}} L_k(f; z) = T_k^*(f; z) \equiv T_k^*(f; z; x_0) \tag{63}$$

die Bildungsvorschrift für Hermite-Funktionen, die eine Stützstelle $(k+1)$-fach benutzen

$$\lim_{\substack{x_i \to x_0\\ i=1(1)k \leq n}} L_n(f; z) = \prod_{i=k+1}^{n} \frac{h_i(z)}{g_i(z)} T_k^*\left(f \prod_{i=k+1}^{n} \frac{g_i}{h_i}\, ;\, z;\, x_0\right)$$

$$+ \left(\frac{h_0(z)}{g_0(z)}\right)^{k+1} L_{n-k-1}\left(f \left(\frac{g_0}{h_0}\right)^{k+1} ;\, z;\, x_{k+1}, \ldots, x_n\right). \tag{64}$$

Den durch (61) definierten Hermite-Operator erhält man danach in der Form

$$H_n(f; z) = \sum_{r=1}^{n} \prod_{\substack{i \neq r\\ i=1}}^{n} \left(\frac{h_i(z)}{g_i(z)}\right)^2 T_1^*\left(f \prod_{\substack{i \neq r\\ i=1}}^{n} \left(\frac{g_i}{h_i}\right)^2 ;\, z;\, x_r\right) \tag{65}$$

mit den Eigenschaften

$$H_n(f; x_r) = f(x_r)\,, \quad r = 1(1)\,n\,, \tag{66}$$

und

$$H_n'(f; x_r) = f'(x_r)\,, \quad r = 1(1)\,n\,. \tag{67}$$

Es werden die Hermite-Operatoren für die einzelnen Interpolationstypen angegeben.

Typ I, $\quad h_i(z) = u(z) - u(x_i)\,, \quad g_i(z) \equiv 1\,, \quad i = 1(1)\,n$:

$$H_n(f; z) = \sum_{r=1}^{n} \prod_{\substack{i \neq r\\ i=1}}^{n} \left(\frac{h_i(z)}{h_i(x_r)}\right)^2 \left\{ f_r \left[1 - 2\frac{h_r(z)}{h_r(x_r)} \sum_{\substack{j \neq r\\ j=1}}^{n} \frac{h_j'(x_r)}{h_j(x_r)}\right] + f_r' \frac{h_r(z)}{h_r'(x_r)}\right\}, \tag{65,I}$$

siehe (53).

Typ II, $\quad h_i(z) = u(z) - u(x_i)\,, \quad g_i(z) = 1\,(\mp)\,u(x_i)\,u(z)\,, \quad i = 1(1)\,n$:

$$H_n(f; z) = \sum_{r=1}^{n} \prod_{\substack{i \neq r\\ i=1}}^{n} \left(\frac{h_i(z)}{h_i(x_r)}\right)^2 \prod_{i=1}^{n} \left(\frac{g_i(x_r)}{g_i(z)}\right)^2 \left\{ f_r \left[1 + 2\frac{h_r(z)}{h_r'(x_r)} \left(\sum_{j=1}^{n} \frac{g_j'(x_r)}{g_j(x_r)} - \sum_{\substack{j \neq r\\ j=1}}^{n} \frac{h_j'(x_r)}{h_j(x_r)}\right)\right]\right.$$

$$\left. + f_r' \frac{h_r(z)}{h_r'(x_r)}\right\}, \tag{65,II}$$

siehe (57).

Typ IV, $\quad h_i(z) = u(z)\,v(x_i) - v(z)\,u(x_i)\,, \quad g_i(z) \equiv 1\,, \quad i = 1(1)\,n$:

$$H_n(f; z) = \sum_{r=1}^{n} \prod_{\substack{i \neq r\\ i=1}}^{n} \left(\frac{h_i(z)}{h_i(x_r)}\right)^2 \left\{ f_r \left[-\frac{u(z)\,v'(x_r) - v(z)\,u'(x_r)}{h_r'(x_r)} - 2\frac{h_r(z)}{h_r'(x_r)} \sum_{\substack{j \neq r\\ j=1}}^{n} \frac{h_j'(x_r)}{h_j(x_r)}\right]\right.$$

$$\left. + f_r' \frac{h_r(z)}{h_r'(x_r)}\right\}, \tag{65,IV}$$

siehe (59).

Typ III, $h_i(z) = u(z)\, v(x_i) - v(z)\, u(x_i)$; $g_i(z) = v(z)\, v(x_i)\, (\mp)\, u(z)\, u(x_i)$, $i = 1(1)\, n$:

$$H_n(f; z) = \sum_{r=1}^{n} \prod_{\substack{i \neq r \\ i=1}}^{n} \left(\frac{h_i(z)}{h_i(x_r)}\right)^2 \prod_{i=1}^{n} \left(\frac{g_i(x_r)}{g_i(z)}\right)^2 \cdot \left\{ f_r \left[\frac{g_r(z)}{g_r(x_r)} + \frac{h_r(z)}{h_r'(x_r)} \frac{g_r'(x_r)}{g_r(x_r)} \right.\right.$$

$$\left.\left. + 2 \frac{h_r(z)}{h_r'(x_r)} \left(\sum_{\substack{j \neq r \\ j=1}}^{n} \frac{g_j'(x_r)}{g_j(x_r)} - \sum_{\substack{j \neq r \\ j=1}}^{n} \frac{h_j'(x_r)}{h_j(x_r)} \right) \right] + f_r' \frac{h_r(z)}{h_r'(x_r)} \right\}, \qquad (65,\mathrm{III})$$

siehe (60′).

Wenn bei den HERMITE-Operatoren des Typs II oder III $g_i(z) \equiv 1$ gesetzt wird, gehen diese in die des Typs I oder IV über. Die HERMITE-Interpolationen vom Typ I und III erfüllen beide die Interpolationsforderungen

$$H_n(f; x_r) = f(x_r)\,, \qquad r = 1(1)\, n\,,$$

$$H_n'(f; x_r) = f'(x_r), \qquad r = 1(1)\, n\,,$$

auch für Interpolationsfunktionen $h_i(z)$, $g_i(z)$, die nicht ihrem Typ entsprechen. Nur wenn die Übereinstimmung von HERMITE-Operator und Interpolationstyp besteht, darf der HERMITE-Operator als LAGRANGE-Operator im Sinne von (61) aufgefaßt werden. Auch für Interpolationsfunktionen $h_i(z)$, $g_i(z)$, die sich nicht in diese vier Typen einordnen lassen, erfüllt der HERMITE-Operator des Types II obige Interpolationsforderungen. Das ist für Beispiel 2:

$$h_i(z) = \frac{z - x_i}{1 - x_i z}, \quad g_i(z) \equiv 1\,, \quad \forall i$$

leicht nachprüfbar.

14. Interpolation mit mehr als zwei Grundfunktionen

Der LAGRANGE-Ansatz (Typ I)

$$L_1(f; z) = f_0 \frac{u(z) - u(x_1)}{u(x_0) - u(x_1)} + f_1 \frac{u(z) - u(x_0)}{u(x_1) - u(x_0)}$$

hat die Fixelemente

$$c_0 + c_1 u(z)\,.$$

Der LAGRANGE-Ansatz (Typ IV)

$$L_1(f; z) = f_0 \frac{u(z)\, v_1 - v(z)\, u_1}{u_0 v_1 - v_0 u_1} + f_1 \frac{u(z)\, v_0 - v(z)\, u_0}{u_1 v_0 - v_1 u_0}$$

hat die Fixelemente

$$c_0 u(z) + c_1 v(z)\,.$$

Wir suchen einen Interpolationsansatz mit den Stützstellen x_0, x_1, x_2, der die Fixelemente

$$d_0 + d_1 u(z) + d_2 v(z)\,, \quad |d_i| < \infty\,, \quad i = 0(1)\, 2\,, \qquad (68)$$

besitzt. Wir setzen an

$$\mathscr{L}_2(f; z) = \mathrm{H}_0(z)\, f_0 + \mathrm{H}_1(z)\, f_1 + \mathrm{H}_2(z)\, f_2 \qquad (69)$$

mit

$$\mathrm{H}_i(x_j) = \delta_{ij} \qquad (70)$$

und

$$\mathrm{H}_i(z) = a_i + b_i u(z) + c_i v(z)\,, \quad i = 0(1)\, 2\,. \qquad (71)$$

Aus (70) erhält man für $i = 0$

$$\left.\begin{aligned} a_0 + b_0 u_0 + c_0 v_0 &= 1 \\ a_0 + b_0 u_1 + c_0 v_1 &= 0 \\ a_0 + b_0 u_2 + c_0 v_2 &= 0\,. \end{aligned}\right\} \tag{72}$$

Falls die Matrix

$$\begin{pmatrix} 1 & u_0 & v_0 \\ 1 & u_1 & v_1 \\ 1 & u_2 & v_2 \end{pmatrix} \tag{73}$$

nicht singulär ist, ergeben sich die Lösungen

$$\left.\begin{aligned} a_0 &= \frac{u_1 v_2 - u_2 v_1}{(u_0 - u_1)(v_0 - v_2) - (u_0 - u_2)(v_0 - v_1)}, \\ b_0 &= \frac{v_1 - v_2}{(u_0 - u_1)(v_0 - v_2) - (u_0 - u_2)(v_0 - v_1)}, \\ c_0 &= \frac{u_1 - u_2}{(u_0 - u_2)(v_0 - v_1) - (u_0 - u_1)(v_0 - v_2)}. \end{aligned}\right\} \tag{74}$$

Durch zyklische Vertauschung der Argumente können auch die Koeffizienten der Interpolationsfunktionen $\mathrm{H}_1(z)$ und $\mathrm{H}_2(z)$ ermittelt werden. Es ergeben sich somit

$$\left.\begin{aligned} \mathrm{H}_0(z) &= \frac{u_1 v_2 - u_2 v_1 + (v_1 - v_2)\,u(z) - (u_1 - u_2)\,v(z)}{(u_0 - u_1)(v_0 - v_2) - (u_0 - u_2)(v_0 - v_1)}, \\ \mathrm{H}_1(z) &= \frac{u_2 v_0 - u_0 v_2 + (v_2 - v_0)\,u(z) - (u_2 - u_0)\,v(z)}{(u_1 - u_2)(v_1 - v_0) - (u_1 - u_0)(v_1 - v_2)}, \\ \mathrm{H}_2(z) &= \frac{u_0 v_1 - u_1 v_0 + (v_0 - v_1)\,u(z) - (u_0 - u_1)\,v(z)}{(u_2 - u_0)(v_2 - v_1) - (u_2 - u_1)(v_2 - v_0)}. \end{aligned}\right\} \tag{75}$$

Satz 14: *Der Interpolationsansatz* (69) *mit den Interpolationsfunktionen* (75) *besitzt die Fixelemente* (68), *falls die Matrix* (73) *nicht singulär ist.*

Satz 14 ist ein Spezialfall des noch folgenden Satzes 15. Es sei auf den Beweis dort verwiesen.

Bemerkung: Dieser Interpolationsansatz (69) mit (75) ist nur in Ausnahmefällen in der Form

$$L_2(f; z) = \sum_{r=0}^{2} f_r \prod_{\substack{i \neq r \\ i=0}}^{2} \frac{h_i(z)}{h_i(x_r)}$$

darstellbar. Die trigonometrische Interpolation von Abschnitt 10 ist eine solche Ausnahme. Werden weiterhin die Grundfunktionen $u(z) = \sinh z/2$, $v(z) = \cosh z/2$ benutzt, so ist die mit ihnen gebildete LAGRANGE-Funktion identisch $\mathscr{L}_2(f; z)$ mit

$$H_r(z) = a_r + b_r \sinh z + c_r \cosh z\,, \qquad r = 0, 1, 2\,.$$

Satz 14 wird verallgemeinert. Es sei

$$\mathscr{L}_n(f; z) = \sum_{r=0}^{n} f_r \mathrm{H}_{n,r}(z) \tag{76}$$

mit

$$\mathrm{H}_{nr}(x_i) = \delta_{ri} \tag{77}$$

und
$$\mathrm{H}_{n,r}(z) = \sum_{l=0}^{n} b_{rl} u_l(z)\,, \qquad r = 0(1)\,n\,, \tag{78}$$

wobei $u_l(z)$, $l = 0(1)\,n$ Grundfunktionen sind. Um die Koeffizienten b_{rl}, $r, l = 0(1)\,n$ zu ermitteln, haben wir nun die Gleichungssysteme

$$\boldsymbol{U} \cdot \boldsymbol{B}_r = \boldsymbol{E}_r\,, \qquad r = 0(1)\,n\,, \tag{79}$$

mit

$$\boldsymbol{U} = \begin{pmatrix} u_0(x_0) & \cdots & u_n(x_0) \\ \cdot & \cdots & \cdot \\ \cdot & \cdots & \cdot \\ u_0(x_n) & \cdots & u_n(x_n) \end{pmatrix}, \tag{80}$$

$$\boldsymbol{B}_r = \begin{pmatrix} b_0 \\ b_{r1} \\ \vdots \\ b_{ro} \end{pmatrix}, \qquad \boldsymbol{E}_r = \begin{pmatrix} 0 \\ \vdots \\ 0 \\ 1 \\ 0 \\ \vdots \\ 0 \end{pmatrix}, \qquad 1 \text{ in } r\text{-ter Zeile}\,, \tag{81}$$

zu lösen. Das ist für nichtsinguläre Matrizen $\boldsymbol{U}$ stets möglich. Mit

$$D = \det(\boldsymbol{U}) \neq 0 \tag{82}$$

erhalten wir

$$b_{ri} = b_{ri}^*/D \tag{83}$$

mit

$$b_{rl}^* = \det \begin{pmatrix} u_0(x_0) \cdots u_{r-1}(x_0) & u_{r+1}(x_0) \cdots u_n(x_0) \\ \cdots\cdots\cdots & \cdots\cdots\cdots \\ u_0(x_{i-1}) \cdots u_{r-1}(x_{i-1}) & u_{r+1}(x_{i-1}) \cdots u_n(x_{i-1}) \\ u_0(x_{i+1}) \cdots u_{r-1}(x_{i+1}) & u_{r+1}(x_{i+1}) \cdots u_n(x_{i+1}) \\ \cdots\cdots\cdots & \cdots\cdots\cdots \\ u_0(x_n) \cdots u_{r-1}(x_n) & u_{r+1}(x_n) \cdots u_n(x_n) \end{pmatrix}, \tag{84}$$

d. h., die i-te Zeile und die r-te Spalte in der Matrix $\boldsymbol{U}$ sind zu streichen, um den Koeffizienten b_{ri}^* zu ermitteln.

Es sei noch auf

$$D = \sum_{r=0}^{n} b_{r0}^* \tag{85}$$

hingewiesen. Wir fassen zusammen.

Satz 15: *Ist* (80) *eine nichtsinguläre Matrix, so hat der Interpolationsansatz* (76) *mit den Interpolationsfunktionen* (78) *und den Koeffizienten* (83) *die Fixelemente*

$$\sum_{l=0}^{n} c_l u_l(z)\,, \qquad |c_l| < \infty\,, \qquad l = 0(1)\,n\,.$$

Beweis: Die Funktionen $H_{nr}(z)$ wurden konstruktiv ermittelt. Es gilt wegen (76) und (78)

$$\mathscr{L}_n(f; z) = \sum_{l=0}^{n} c_l u_l(z)$$

mit
$$c_l = \sum_{r=0}^{n} f_r b_{rl}\,, \qquad l = 0(1)\,n\,. \tag{$*$}$$

Es wird weiter angenommen, daß zwei Funktionen

$$\psi(z) = \sum_{l=0}^{n} c_l u_l(z)$$

und

$$\psi^*(z) = \sum_{l=0}^{n} c_l^* u_l(z)$$

mit

$$\psi(x_r) = \psi^*(x_r) = f_r\,, \qquad r = 0(1)\,n\,,$$

existieren.

Zu zeigen ist $\psi(z) = \psi^*(z)$ bzw. $c_l = c_l^*$, $l = 0(1)\,n$.

Für diese Funktionen folgt nun aus der Konstruktion des Interpolationsoperators $\mathcal{L}_n$

$$\mathcal{L}_n(\psi; z) \equiv \mathcal{L}_n(\psi^*; z)$$

und damit

$$\mathcal{L}_n(\psi - \psi^*; z) = 0\,.$$

Für

$$\Delta(z) = \psi(z) - \psi^*(z) = \sum_{l=0}^{n} \delta_l u_l(z)\,, \qquad \delta_l = c_l - c_l^*$$

gilt nun wegen obiger Beziehung (*)

$$\delta_l = \sum_{r=0}^{n} \Delta(x_r)\, b_{rl}\,, \qquad l = 0(1)\,n\,,$$

und wegen

$$\Delta(x_r) = 0\,, \qquad r = 0(1)\,n\,,$$

sofort

$$\delta_l = c_l - c_l^* = 0 \qquad l = 0(1)\,n\,,$$

da nicht $b_{rl} = 0$ für alle $r = 0(1)\,n$ aus (79) folgen kann.

Aus der hiermit gesicherten Identität $\psi(z) \equiv \psi^*(z)$ folgt sofort die Behauptung des Satzes 15.

II. Interpolation und Orthonormalentwicklungen in $H^2(\mathscr{B})$-Räumen

Im folgenden wird gezeigt, daß die Interpolationstypen

II mit $h_l(z) = u(z) - u(x_l)$, $g_l(z) = 1 - \overline{u(x_l)}\, u(z)$ und

III mit $h_l(z) = u(z)\, v(x_l) - v(z)\, u(x_l)$, $g_l(z) = v(z)\, \overline{v(x_l)} - u(z)\, \overline{u(x_l)}$

im Fall des NEWTON-Operators Orthonormalreihen in H^2-Räumen darstellen. Während Typ II eine Orthonormalentwicklung bezüglich der Gewichtsfunktion 1 liefert, ist beim Typ III die Gewichtsfunktion nicht identisch 1. Wesentlich für diese Orthonormalentwicklungen in H^2-Räumen ist ein aus den Interpolationsfunktionen $g_l(z)$ ablesbarer Kern eines Orthonormalsystems.

1. Der Raum $H^2(\mathscr{B})$

V1: Es sei $\mathscr{B}$ ein einfach zusammenhängender endlicher und konvexer Bereich der komplexen z-Ebene, dessen rektifizierbarer Rand $\mathscr{C}$ die Länge $\lambda(\mathscr{C})$ besitze.

Durch Einführen des inneren Produktes

$$(f, g) = \frac{1}{\lambda(\mathscr{C})} \int_{\mathscr{C}} f(t)\, \overline{g(t)}\, ds\,, \qquad (ds = |dt|) \tag{1}$$

erhalten wir einen Raum $H^2(\mathscr{B})$ (siehe [1]*)), mit der Norm

$$||f|| = (f, f)^{1/2}\,. \tag{2}$$

In $H^2(\mathscr{B})$ existiert wenigstens ein Orthonormalsystem $\{\varphi_l, l = 0, 1, \ldots\}$ mit

$$(\varphi_\nu, \varphi_\mu) = \delta_{\nu\mu} \tag{3}$$

($\delta_{\nu\mu}$ sei das KRONECKER-Symbol).

Für jede Funktion $f \in H^2(\mathscr{B})$ existiert eine FOURIER-Entwicklung

$$g(z) = \sum_{l=0}^{\infty} a_l \varphi_l(z)\,, \quad a_l = (f, \varphi_l) \tag{4}$$

mit

$$\sum_{l=0}^{\infty} |a_l|^2 \leqq \infty\,, \qquad \text{(BESSEL-Ungleichung).} \tag{5}$$

Ist $\{\varphi_l, l = 0, 1, \ldots\}$ ein vollständiges System, so gilt

$$f(z) \equiv g(z)\,. \tag{6}$$

und

$$\sum_{l=0}^{\infty} |a_l|^2 = ||f||^2\,. \tag{7}$$

---

*) Durch Wahl des inneren Produktes in der Form

$$(f, g) = \iint_{\mathscr{B}} (f(t)\, \overline{g(t)}\, dx\, dy, t = x + iy$$

erhält man den Raum $L^2(\mathscr{B})$, der wesentliche Eigenschaften mit $H^2(\mathscr{B})$ gemeinsam hat.

Der Kern des Systems $\{\varphi_l, l = 0, 1, \ldots\}$ ist in diesem Fall

$$K(z, t) = \sum_{l=0}^{\infty} \varphi_l(z) \overline{\varphi_l(t)} . \tag{8}$$

Er hat die reproduzierende Eigenschaft

$$f(z) = (f(t) , K(z, t)) \tag{9}$$

für $f \in H^2(\mathcal{B})$.

2. Grundfunktionen in $H^2(\mathcal{B})$

Es wird eine weitere Voraussetzung getroffen.

V 2: $u(z)$ sei eine einfachwertige in $\mathcal{B}$ holomorphe Funktion mit $|u(z)| = 1$ auf $\mathcal{C}$ und mit genau einer (einfachen) Nullstelle in $\mathcal{B}$.

Die Voraussetzungen V 1 und V 2 stellen nun den folgenden Zusammenhang zwischen $\mathcal{B}$ und $u(z)$ her. Es ist $u(z)$ eine konforme Abbildung des Bereiches $\mathcal{B}$ auf das Innere des Einheitskreises $\mathcal{E}$ bei eindeutiger Randzuordnung. Es sei bemerkt, daß nicht zu jedem Bereich $\mathcal{B}$ eine holomorphe Abbildungsfunktion $u(z)$ existiert, die $\mathcal{B}$ auf $\mathcal{E}$ abbildet. Dieser Fall wird später behandelt.

Lemma 1: *Das System $\{u^l(z), l = 0, 1, \ldots\}$ ist ein Orthonormalsystem in $H^2(\mathcal{B})$.*

Beweis: $(u^l, u^k) = \delta_{l,k}$ ist erfüllt, da im Fall $l = k$ wegen $|u(z)| = 1$ die Integration in (1) über die Konstante $c = 1$ ausgeführt wird und den Wert 1 ergibt. Im Fall $l \neq k$ verbleibt unter dem Integral (1) nur eine holomorphe Funktion, also folgt $(u^l, u^k) = 0$ für $l \neq k$. Lemma 1 ist bewiesen.

Ein Orthogonalsystem $\{\varphi_n, n = 0, 1, \ldots\}$ ist vollständig (siehe [1]), wenn für ein $x_0 \in \mathcal{B}$

$$\left.\begin{array}{ll} \varphi_n^{(l)}(x_0) = 0 , & l = 0(1)\, n-1 \\ \varphi_n^{(n)}(x_0) \neq 0 & \end{array}\right\} n = 0, 1, \ldots .$$

Hierbei bedeutet

$$\varphi_n^{(l)}(x_0) = \left.\frac{d^l \varphi_n(z)}{dz^l}\right|_{z=x_0} .$$

Wir können nun $\varphi_n(z) = u^n(z)$, $n = 0, 1, \ldots$ setzen. Damit hat $\varphi_n(z) = u^n(z)$ in $\mathcal{B}$ genau eine n-fache Nullstelle. Wir können zusammenfassen

Lemma 2: *Das Orthonormalsystem $\{u^l(z), l = 0, 1, \ldots\}$ ist vollständig in $H^2(\mathcal{B})$.*

Der Kern (8) läßt sich nun in der Form

$$K_u(z, t) = \sum_{l=0}^{\infty} u^l(z) \overline{u^l(t)} = \frac{1}{1 - u(z)\overline{u(t)}} \tag{10}$$

notieren.

3. Kernentwicklung und Interpolation

Um zu Interpolationsformeln mit Orthogonalitätseigenschaften zu kommen, wird der Kern entwickelt.

Lemma 3: *Es gilt mit $\alpha \in \mathcal{B}$*

$$K_u(z,t) = \frac{1}{1-u(z)\,\overline{u(t)}}$$

$$= \frac{1 - |u(\alpha)|^2}{\{1 - \overline{u(\alpha)}\, u(z)\}\,\{1 - u(\alpha)\,\overline{u(t)}\}} + \frac{u(z) - u(\alpha)}{1 - \overline{u(\alpha)}\, u(z)}\, \frac{\overline{u(t)} - \overline{u(\alpha)}}{1 - u(\alpha)\,\overline{u(t)}} \cdot \frac{1}{1 - u(z)\,\overline{u(t)}} .$$

Der Beweis ergibt sich durch elementares Nachrechnen.

Durch wiederholtes Anwenden dieses Lemma mit den Konstanten $\alpha_0, \alpha_1, \alpha_2, \ldots$ ergibt sich folgender Sachverhalt.

Satz 1: *Es gilt mit* $\alpha_j \in \mathcal{B}$, $(j = 0, 1, \ldots)$

$$K_u(z, t) = \sum_{\nu=0}^{\infty} p_\nu(z)\, \overline{p_\nu(t)} \tag{11}$$

mit

$$p_\nu(z) = \frac{\sqrt{1 - |u(\alpha_\nu)|^2}}{1 - \overline{u(\alpha_\nu)}\, u(z)} \prod_{j=0}^{\nu-1} \frac{u(z) - u(\alpha_j)}{1 - \overline{u(\alpha_j)}\, u(z)} \tag{12}$$

und

$$(p_\nu, p_\mu) = \delta_{\nu\mu}\,. \tag{13}$$

Beweis: Es ist noch (13) zu zeigen.

a) Es gilt wegen $(u^k, u^m) = \delta_{km}$

$$\frac{1}{\lambda(\mathcal{C})} \int_{\mathcal{C}} \left| \frac{1}{1 - \overline{u(\alpha_\nu)}\, u(z)} \right|^2 ds = \frac{1}{\lambda(\mathcal{C})} \int_{\mathcal{C}} \left| \sum_{\mu=0}^{\infty} \overline{u(\alpha_\nu)}^\mu u^\mu(z) \right|^2 ds = \frac{1}{1 - |u(\alpha_\nu)|^2}\,.$$

b) Für $z \in \mathcal{C}$ gilt wegen $u(z)\,\overline{u(z)} = 1$

$$\left| \frac{u(z) - u(\alpha_j)}{1 - \overline{u(\alpha_j)} u(z)} \right|^2 = 1\,.$$

c) Wegen b) ist der Integrand für $\nu \neq \mu$ in

$$\int_{\mathcal{C}} \overline{p_\nu p_\mu}\, ds$$

eine holomorphe Funktion und damit das Integral Null.

Aus a), b) und c) ist (13) sofort ablesbar.

Entsprechend Abschnitt 1 kann $f \in H^2(\mathcal{B})$ in eine FOURIER-Reihe nach den Orthonormalfunktionen $p_\nu(z)$ entwickelt werden.

Satz 2: *Es sei* $f \in H^2(\mathcal{B})$, $\alpha_j \in \mathcal{B}$, $j = 0, 1, 2, \ldots$ *. Falls die Folge* $\{\alpha_j\}$ *einen Häufungspunkt im Innern von* $\mathcal{B}$ *besitzt, so gilt*

$$f(z) = \sum_{\nu=0}^{\infty} A_\nu (1 - |u(\alpha_\nu)|^2)\, q_\nu(z) \tag{14}$$

mit

$$q_\nu(z) = \frac{1}{\sqrt{1 - |u(\alpha_\nu)|^2}}\, p_\nu(z) \tag{15}$$

und

$$A_\nu = (f, q_\nu)\,. \tag{16}$$

Die Reihe konvergiert absolut und gleichmäßig in $\mathcal{B}$.

Die Forderung an die Konstanten α_j einen Häufungspunkt im Innern von $\mathcal{B}$ zu besitzen, trägt dem Identitätssatz für holomorphe Funktionen Rechnung. Zwei holomorphe Funktionen sind dann identisch, wenn sie an unendlich vielen diskreten Stellen im Innern eines endlichen Gebietes übereinstimmen.

Die Norm von $f(z)$ ist durch

$$||f||^2 = \sum_{\nu=0}^{\infty} |A_\nu|^2\, (1 - |u(\alpha_\nu)|^2) \tag{17}$$

gegeben. Die Koeffizienten A_ν, $\nu = 0, 1, \ldots$ erhält man im Fall $\alpha_j \neq \alpha_k$ für $j \neq k$ wegen $q_\nu(\alpha_k) = 0$ für $k < \nu$ aus (14) durch sukzessives Einsetzen von α_j, $j = 0, 1, 2, \ldots$.

Es entsteht

$$f(\alpha_r) = \sum_{\nu=0}^{r} A_\nu (1 - |u(\alpha_\nu)|^2)\, q_\nu(\alpha_r)\,, \qquad r = 0, 1, \ldots\,. \tag{18}$$

An dieser Stelle ist der Zusammenhang mit dem Interpolationstyp II aus dem Kapitel I klar.

Werden in die Orthogonalfunktionen

$$q_\nu(z) = \frac{1}{1 - u(\alpha_\nu)\, u(z)} \prod_{k=0}^{\nu-1} \frac{u(z) - u(\alpha_k)}{1 - \overline{u(\alpha_k)}\, u(z)}$$

die Bezeichnungen

$$\begin{aligned} h_k(z) &= u(z) - u(\alpha_k) \\ g_k(z) &= 1 - \overline{u(\alpha_k)}\, u(z) \end{aligned}\,, \qquad k = 0, 1, \ldots\,, \tag{19}$$

eingeführt, so ist zu erkennen, daß die Orthonormalreihen (14) vom Interpolationstyp II des Kapitels I sind. In Kapitel I stand statt $\overline{u(\alpha_k)}$ stets $u(\alpha_k)$ in $g_k(z)$. Auf den folgenden Satz wurde im Zusammenhang mit der Einführung der vier Interpolationstypen schon hingewiesen.

Satz 3: *Mit* (19) *ist das Additionstheorem* (18) *aus* I.3 *erfüllt.*

Als Konsequenzen von Satz 3 erhält man für Teilreihen

$$F_n(z) = \sum_{\nu=0}^{n} A_\nu (1 - |u(\alpha_\nu)|^2)\, q_\nu(z)$$

die Aussagen des Kapitel I (Dort wird $F_n(z)$ mit $N_n(f; z)$ oder $N_{n,g}(f; z)$ bezeichnet).

Im Einzelnen sind das:

a) Teilreihen der Orthogonalreihen lassen sich in Lagrange-Form darstellen, (d. h., die Identitäten $F_n(z) \equiv N_n(f; z) \equiv L_n(f; z)$ gelten),
b) Die Menge der Fixelemente von $F_n(z)$ ist gegeben,
c) Die Fourier-Koeffizienten A_ν lassen sich als Steigungen behandeln,
d) Es sind Zusammenhänge zwischen den Orthonormalreihen und denen des Typs I ($g_n(z) \equiv 1$) bei gleicher Grundfunktionen $u(z)$ bekannt,
e) Im Fall $\alpha_k = \alpha_j$ für wenigstens ein Indexpaar $k \neq j$ ist eine Hermite-Darstellung der Reihe $F_n(z)$ bekannt,
f) Restglieder für die Teilreihen $F_n(z)$ sind gegeben.

Das Charakteristikum der oben beschriebenen Orthonormalreihen ist also eine holomorphe Grundfunktion $u(z)$, die ein ihr zugeordnetes Gebiet $\mathcal{B}$ der z-Ebene auf die Einheitskreisscheibe bei eindeutiger Randzuordnung abbildet. Durch diese Grundfunktion ist weiter ein Kern $K_u(z, t) = \dfrac{1}{1 - u(z)\,\overline{u(t)}}$ in $H^2(\mathcal{B})$ bestimmt. Für eine Funktion $f \in H^2(\mathcal{B})$ gilt: sie läßt sich nicht nur als Funktion von z in $H^2(\mathcal{B})$ behandeln und in eine Reihe entwickeln, sondern auch als Funktion von $u(z)$ auffassen, also

$$f(z) = f^*(u(z))\,, \qquad f \in H^2(\mathcal{B})\,, \qquad f^* \in H^2(\mathcal{E}).$$

4. Beispiele

B1: Die Takenaka-Reihe (siehe auch Beispiel 3 in I.9). Für den Fall $u(z) = z$ (das Innere des Einheitskreises wird identisch auf sich abgebildet), ist die in Abschnitt 3 beschriebene Orthonormalentwicklung im Jahre 1926 von S. Takenaka [24] hergeleitet worden.

Das Gebiet $\mathcal{B}$ sei die offene Einheitskreisscheibe und der Rand $\mathcal{C}$ ist durch $|z| = 1$ gegeben. In [24] wird der Reihenansatz hergeleitet; die LAGRANGE-Form der Teilreihe wurde nicht explizit aufgeführt. Das Restglied der TAKENAKA-Reihe stammt von WALSH [26].

Weitere Aussagen im Sinne des Kapitels I etwa über die Fixelemente scheinen nicht bekannt zu sein. Aus der Darstellung von $f(z)$ als TAKENAKA-Teilreihe mit WALSH-Restglied

$$f(z) = \sum_{\nu=0}^{n} A_\nu \frac{1 - |\alpha_\nu|^2}{1 - \overline{\alpha}_\nu z} \prod_{l=0}^{\nu-1} \frac{z - \alpha_l}{1 - \overline{\alpha}_l z} + A_{n+1}(f; \alpha_0, \dots, \alpha_n; z) \prod_{l=0}^{n} \frac{z - \alpha_l}{1 - \overline{\alpha}_l z}$$

mit $|\alpha_l| < 1$, $l = 0(1)\,n$, ist ersichtlich, daß diese eine Verallgemeinerung der Potenzreihe

$$f(z) = \sum_{\nu=0}^{n} a_\nu z^\nu + \frac{1}{(n+1)!} f^{(n+1)}(\xi)\, z^{n+1}$$

ist, in die sie durch die Wahl $\alpha_0 = \alpha_1 = \dots = \alpha_n = 0$ übergeht $\left(A_{n+1}(f; 0, \dots, 0, z) = \frac{1}{(n+1)!} f^{(n+1)}(\xi)\right)$.

B2: Es sei

$$u(z) = \cos z = \cos x \cosh y - i \sin x \sinh y\,, \qquad z = x + iy\,.$$

Damit ist der Rand $\mathcal{C}$ des Gebietes $\mathcal{B}$ durch die Gleichung

$$\cos^2 x \cosh^2 y + \sin^2 x \sinh^2 y = 1$$

oder einfacher durch

$$\cos^2 x + \sinh^2 y = 1$$

festgelegt.

Als Gebiet $\mathcal{B}$ kommen unendlich viele Bereiche in Betracht. Einer, etwa $\mathcal{B}_0$, ist in Abbildung 1 wiedergegeben. Die anderen Bereiche $\mathcal{B}_k$ ergeben sich, in dem $\mathcal{B}_0$ auf der x-Achse um $k \cdot \pi$, $k = \pm 1, \pm 2, \dots$ verschoben wird. Es ist $y^* \approx 0{,}885$. Mit festen $\alpha_l \in \mathcal{B}_k$, $l = 0(1)\,n$, $k \in \{0, \pm 1, \pm 2, \dots\}$ erhält man die Orthogonalreihe mit Restglied (Orthogonalität im Raum $H^2(\mathcal{B}_k)$)

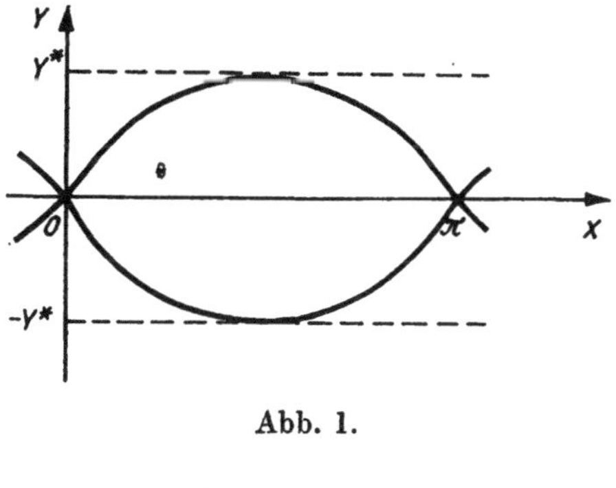

Abb. 1.

$$f(z) = \sum_{\nu=0}^{n} A_\nu \frac{1 - |\cos \alpha_\nu|^2}{1 - \overline{\cos \alpha_\nu} \cos z} \prod_{l=0}^{\nu-1} \frac{\cos z - \cos \alpha_l}{1 - \overline{\cos \alpha_l} \cos z}$$

$$+ A_{n+1}(f; \alpha_0, \dots, \alpha_n, z) \prod_{l=0}^{n} \frac{\cos z - \cos \alpha_l}{1 - \overline{\cos \alpha_l} \cos z} - F_n(z) + R_{n+1}(z)\,.$$

Es gilt für $F_n(z)$ weiter die Darstellung

$$F_n(z) = \sum_{r=0}^{n} f(\alpha_r) \prod_{\substack{l \neq r \\ l=0}}^{n} \frac{\cos z - \cos \alpha_l}{\cos \alpha_r - \cos \alpha_l} \prod_{l=0}^{n} \frac{1 - \overline{\cos \alpha_l \cos \alpha_r}}{1 - \overline{\cos \alpha_l} \cos z}.$$

Für die Koeffizienten A_l liefert (19) aus I.3

$$A_l = A_l(f; \alpha_0, \dots, \alpha_l) = \sum_{r=0}^{l} f(x_r) \prod_{\substack{j \neq r \\ j=0}}^{l} \frac{1}{\cos \alpha_r - \cos \alpha_j} \prod_{j=0}^{l-1} (1 - \overline{\cos \alpha_j \cos \alpha_r}).$$

Für $\alpha_0 = \alpha_1 = \dots = \alpha_n = \pi/2$ geht der Reihenansatz in die ebenfalls orthonormale verallgemeinerte TAYLOR-Reihe (siehe I.12. (52) für $x_0 = \Pi/2$, $g_0(z) \equiv 1$)

$$f(z) = \sum_{\nu=0}^{n} A_\nu \cos^\nu z + \frac{1}{(n+1)!} \frac{d^{n+1} f(z)}{d (\cos z)^{n+1}}\bigg|_{z=\xi} \cdot \cos^{n+1} z$$

über. Die Fixelemente von $F_n(z)$ sind

$$\psi_n(z) = \prod_{l=0}^{n} \frac{1}{1 - \overline{\cos \alpha_l} \cos z} \sum_{l=0}^{n} c_l \cos^l z$$

mit $|c_l| < \infty$, $l = 0(1)\, n$.

B3: Es sei

$$u(z) = \sin z = \sin x \cosh y + i \cos x \sinh y$$

mit dem zugeordneten Gebietsrand $\mathscr{C}$

$$\sin^2 x \cosh^2 y + \cos^2 x \sinh^2 y = \sin^2 x + \sinh^2 y = 1\,.$$

Die unendlich vielen sich ergebenden Gebiete $\mathscr{B}'_k$, $k = \pm 1, \pm 2, \dots$, erhält man, indem das Gebiet $\mathscr{B}_0$ aus B2 auf der x-Achse um $k\pi/2$ verschoben wird. Alle Aussagen von B2 können übernommen werden, wenn in B2 die Funktion cos stets durch sin bei formal gleichen Argumenten ersetzt wird.

B4: Wir wählen als Grundfunktion

$$u(z) = e^{iz} = e^{-y}\, e^{x}\,.$$

Diese liefert die konforme (holomorphe) Abbildung der komplexen Halbebene $y > 0$ ($\mathscr{B}^*$) auf den Einheitskreis, denn es gilt

$$|u(z)|^2 = e^{-2y}\,.$$

Höhenlinie mit dem Betrage $|u(z)| = 1$ ist die reelle Achse $y = 0$.

In Abänderung des bisherigen Konzepts sei nun das innere Produkt in der Form

$$\frac{1}{b-a} \int_a^b f(t)\, \overline{g(t)}\, |dt| \tag{1'}$$

mit $-\infty < a < b < +\infty$ und $b = a + 2\pi$ erklärt. Wählen wir etwa $a = 0$ ($\mathscr{C}^* = [0, 2\pi)$), so lautet (1')

$$\frac{1}{2\pi} \int_0^{2\pi} f(t)\, \overline{g(t)}\, |dt|\,. \tag{1''}$$

Mit diesem inneren Produkt (1'') lassen sich formal die Überlegungen von Abschnitt 1 bis 3 durchstehen. Die Nullstelle von e^{iz} ist der unendlich ferne Punkt der oberen Halbebene ($e^{iz} = 0$ für $y = +\infty$).

Mit $\alpha_l \in \mathscr{B}^*$ (obere Halbebene), $l = 0(1)\, n$, ist dann der Ansatz

$$f(z) = F_n(z) + R_{n+1}(z)$$

mit

$$F_n(z) = \sum_{\nu=0}^{n} A_\nu \frac{1 - |e^{i\alpha_\nu}|^2}{1 - e^{-i\alpha_\nu} e^{iz}} \prod_{l=0}^{\nu-1} \frac{e^{iz} - e^{i\alpha_l}}{1 - e^{-i\alpha_l} e^{iz}} \tag{20}$$

sinnvoll. Für diese Orthonormalreihe gelten wieder alle Aussagen, die den Interpolationstyp II betreffen. Im Fall $n \to \infty$ müssen die α_l, $l = 0, 1, \ldots$ einen Häufungspunkt im Innern von $\mathcal{B}^*$ besitzen, damit $f(z)$ und Reihenansatz für $f \in H^2(\mathcal{B})$ identisch sind.

Zur Interpretation dieses Beispiels: Wir wissen, die Funktionen $\{e^{kiz}, k = 0, \pm 1, \pm 2, \ldots\}$ bilden auf dem Intervall $[0,2\pi)$ ein vollständiges Orthonormalsystem für den Raum $L^2[0,2\pi)$. Funktionen $f \in L^2[0,2\pi)$ besitzen die komplexe Fourier-Entwicklung

$$f(x) = \sum_{k=-\infty}^{+\infty} c_k e^{ikx},$$

die sich auch in die Form (reelle Fourier-Entwicklung)

$$f(x) = \frac{a_0}{2} + \sum_{k=1}^{\infty} (a_k \cos kx + b_k \sin kx)$$

überführen läßt.

Mit (20) liegt eine interpolatorische Orthonormalentwicklung in $H^2(\mathcal{B})$ vor, die auch für die in der oberen Halbebene holomorphen Funktionen $f \in L^2[0,2\pi)$ als Fourier-Entwicklung im Raum $L^2[0,2\pi)$ gedeutet werden darf.

5. Die Ellipse

Bisher wurden stets nur Zuordnungen von holomorphen Grundfunktionen $u(z)$ und Gebieten $\mathcal{B}$ betrachtet, derart, daß $u(z)$ das Gebiet $\mathcal{B}$ holomorph auf die Einheitskreisscheibe abbildet. Für viele Gebiete, z. B. die Ellipse, ist die konforme Abbildung auf den Kreis jedoch nicht durch eine holomorphe Funktion gewährleistet. Es wird der Fall der nichtholomorphen Abbildungsfunktion am Beispiel der Ellipse diskutiert.

Für den Bereich $\mathcal{B}$ (Ellipse) sei der Rand $\mathcal{C}$ in Hauptachsendarstellung

$$\frac{x^2}{a^2} + \frac{y^2}{b^2} = 1$$

gegeben. Es kann hier

$$u(x, y) = \frac{x}{a} + i\frac{y}{b}$$

mit

$$|u(x, y)|^2 = \frac{x^2}{a^2} + \frac{y^2}{b^2}$$

genommen werden ($u(x, y)$ ist nicht holomorph für $z = x + iy$).

Setzen wir nun

$$Z = X + iY = \frac{x}{a} + i\frac{y}{b} = u(x, y),$$

so kann in Z sofort die Takenaka-Reihe mit Restglied (siehe B 1) von $f(z) = f^*(Z)$ mit den Stützstellen $Z_l = \frac{x_l}{a} + i\frac{y_l}{b}$, $l = 0, 1, 2, \ldots$, $|Z_l| < 1$ formal notiert werden (x_l, y_l seien reelle Zahlen).

$$f^*(Z) = \sum_{\nu=0}^{n} A_\nu \frac{1 - |Z_\nu|^2}{1 - \overline{Z}_\nu Z} \prod_{l=0}^{\nu-1} \frac{Z - Z_l}{1 - \overline{Z}_l Z} + A_{n+1}(f^*(Z), Z_0, \ldots Z_n, Z) \prod_{l=0}^{n} \frac{Z - Z_l}{1 - \overline{Z}_l Z}.$$

Die Reihe von $f^*(Z) = f^*\left(\frac{x}{a} + i\,\frac{y}{b}\right)$ ist nicht nach z differenzierbar. Jedoch ist für Problemstellungen auf der reellen Achse $Z = X = \frac{x}{a}$, $Z_l = \frac{x_l}{a}$ die Differenzierbarkeit nach x gesichert.

Es gelten alle Aussagen der TAKENAKA-Reihe für die Variable Z, insbesondere die aus Kapitel I für den Interpolationstyp II.

6. Orthonormalentwicklungen mit Gewichtsfunktionen

Für den Interpolationstyp II mit

$$h_l(z) = u(z) - u(x_l)\,, \qquad g_l(z) = 1 - \overline{u(x_l)}\,u(z)$$

erhielten wir das Resultat: Die Newton-Reihe von $f(z)$ ist die FOURIER-Reihe bzgl. des geeignet entwickelten Kerns

$$K_u(z, t) = \frac{1}{1 - u(z)\,\overline{u(t)}} = \sum_{\nu=0}^{\infty} p_\nu(z)\,\overline{p_\nu(t)} \tag{10}$$

im Raum $H^2(\mathscr{B})$.

Es ist zu vermuten, daß analoge Beziehungen auch für den Interpolationstyp III mit

$$h_l(z) = u(z)\,v(x_l) - v(z)\,u(x_l)\,, \qquad g_l(z) = v(z)\,\overline{v(x_l)} - u(z)\,\overline{u(x_l)} \tag{21}$$

bestehen. Der zu diesem Typ gehörende Kern wäre

$$K^*(z, t) = \frac{1}{v(z)\,\overline{v(t)} - u(z)\,\overline{u(t)}}\,. \tag{22}$$

Er läßt sich in der Form

$$K^*(z, t) = \frac{1}{v(z)\,\overline{v(t)}\,(1 - U(z)\,\overline{U(t)})} \tag{23}$$

mit

$$U(z) = \frac{u(z)}{v(z)} \tag{24}$$

notieren. Wird nun das innere Produkt

$$(f, g)_V = \frac{1}{\lambda(\mathscr{C})} \int_{\mathscr{C}} f(t)\,\overline{g(t)}\,\overline{v(t)}^2\,ds \tag{25}$$

eingeführt, wobei $\mathscr{C}$ wieder der rektifizierbare Rand eines einfach zusammenhängenden endlichen Gebietes $\mathscr{B}$ (oder auch der eines unendlichen offenen Gebietes) sei, so gilt für holomorphes $f(z)$

$$f(z) = (f, K^*(z, t))_V\,, \tag{26}$$

falls nur $|U(z)| = 1$ für z auf $\mathscr{C}$ gilt. Es wurde somit die Darstellung (26) auf

$$f(z) \cdot v(z) = (f \cdot v, K_U(z, t))$$

mit dem Kern des Interpolationstyp II zurückgeführt.

Der Term $\overline{v(t)}^2$ in (25) ist als Gewichtsfunktion zu deuten.

Das innere Produkt (25) kann auch als Stieltjes-Integral

$$(f, g)_V = \frac{1}{\lambda(\mathscr{C})} \int_{\mathscr{C}} f(t)\,\overline{g(t)}\,|dV(t)| \tag{27}$$

mit

$$\frac{dV(t)}{ds} = v(t)^2 \tag{28}$$

umgeschrieben werden.

Das innere Produkt (27) bzw. (25) kennzeichnet einen Raum, den wir mit $H^2(\mathcal{B}, V)$ bezeichnen.

Wie in Abschnitt 3 kann der Kern entwickelt werden.

Lemma 4: *Mit* $\alpha \in \mathcal{B}$, $(|u(\alpha)/v(\alpha)| < 1)$ *gilt*

$$\frac{1}{v(z)\,\overline{v(t)} - u(z)\,\overline{u(t)}} = \frac{|v(\alpha)|^2 - |u(\alpha)|^2}{(v(z)\,\overline{v(\alpha)} - u(z)\,\overline{u(\alpha)})\,(\overline{v(t)}\,v(\alpha) - \overline{u(t)}\,u(\alpha))}$$

$$+ \frac{u(z)\,v(\alpha) - v(z)\,u(\alpha)}{v(z)\,\overline{v(\alpha)} - u(z)\,\overline{u(\alpha)}}\;\frac{\overline{u(t)}\,\overline{v(\alpha)} - \overline{v(t)}\,\overline{u(\alpha)}}{\overline{v(t)}\,v(\alpha) - \overline{u(t)}\,u(\alpha)}\;\frac{1}{v(z)\,\overline{v(t)} - u(z)\,\overline{u(t)}}.$$

Der Beweis ergibt sich durch elementares Nachrechnen. Durch wiederholtes Anwenden dieses Lemma mit den Konstanten $\alpha_0, \alpha_1, \alpha_2, \ldots$ ergibt sich der folgende Satz.

Satz 4: *Für* $\alpha_j \in \mathcal{B}$, $(j = 0, 1, \ldots)$ *gilt*

$$K^*(z, t) = \sum_{\nu=0}^{\infty} p_\nu^*(z)\, \overline{p_\nu^*(t)} \tag{29}$$

mit

$$p_\nu^*(z) = \frac{\sqrt{|v(\alpha_\nu)|^2 - |u(\alpha_\nu)|^2}}{v(z)\,\overline{v(\alpha_\nu)} - u(z)\,\overline{u(\alpha_\nu)}} \prod_{l=0}^{\nu-1} \frac{u(z)\,v(\alpha_l) - v(z)\,u(\alpha_l)}{v(z)\,\overline{v(\alpha_l)} - u(z)\,\overline{u(\alpha_l)}} \tag{30}$$

und

$$(p_\nu^*, p_\mu^*)_V = \delta_{\nu\mu}\,. \tag{31}$$

Der Beweis verläuft mit Hilfe von (23) und (24) wie bei Satz 1.

Eine Funktion $f \in H^2(\mathcal{B}, V)$ kann nun in eine Fourierreihe nach den Orthonormalfunktionen $P_\nu^*(z)$ entwickelt werden.

Satz 5: *Es sei* $f \in H^2(\mathcal{B}, V)$ *und* $x_l \in \mathcal{B}$, $l = 0, 1, \ldots$. *Falls die Folge* $\{x_l\}$ *einen Häufungspunkt im Innern von* $\mathcal{B}$ *besitzt, so gilt*

$$f(z) = \sum_{\nu=0}^{\infty} A_\nu^*(|v(x_\nu)|^2 - |u(x_\nu)|^2)\, q_\nu^*(z) \tag{32}$$

mit

$$q_\nu^*(z) = \frac{1}{\sqrt{|v(x_\nu)|^2 - |u(x_\nu)|^2}}\, p_\nu^*(z) \tag{33}$$

und

$$A_\nu^* = (f, q_\nu^*)_V\,. \tag{34}$$

Es gilt hier auch sinngemäß die nach Satz 2 folgende Bemerkung bezüglich des Häufungspunktes der Folge $\{x_l\}$.

Die Norm von $f(z)$ in $H^2(\mathcal{B}, V)$ ist durch

$$\|f\|_V^2 = \frac{1}{\lambda(\mathscr{C})} \int_{\mathscr{C}} |f(t)|^2\, |\mathrm{d}V(t)| = \sum_{\nu=0}^{\infty} |A_\nu^*|^2\, (|V(x_\nu)|^2 - (u(x_\nu)|^2) \tag{35}$$

gegeben.

Wird die Fourier-Entwicklung (32) mit (21) ausgeschrieben, so ist zu erkennen, daß (32) die Newton-Reihe des Interpolationstyps III ist. Für Teilreihen dieses Typs gelten die im ersten Kapitel getroffenen Aussagen.

III. Quadraturen

Der Raum $H^2(\mathcal{B})$ mit der in $\mathcal{B}$ einfachwertigen Grundfunktion $u(z)$ und dem Kern $1/(1 - u(z)\,\overline{u(t)})$ ist hervorragend geeignet, Quadraturmethoden und andere lineare Approximationsmethoden, z. B. die numerische Differentiation, zu beschreiben. Nach einführenden Vorbetrachtungen werden einige Quadraturmethoden im Abschnitt 4 auf algebraischem und im Abschnitt 5 auf interpolatorischem Wege charakterisiert. Zwei dieser Quadraturen sind Verallgemeinerungen herkömmlicher interpolatorischer und Gaussscher Methoden. Die anderen beiden Quadraturen sind Verallgemeinerungen der in $H^2(\mathcal{E})$ optimalen Wilfschen Quadraturen, deren bislang noch offene, vollständige interpolatorische Charakterisierung hier vorgenommen wird.

Eine Kopplung zwischen den einfachen interpolatorischen und den Wilfschen Quadraturen wird vorgestellt.

Übertragungen auf die numerische Differentiation und andere lineare Approximationsverfahren sind möglich. Für einige Quadraturverfahren wurden Gewichte und Stützstellen berechnet.

1. Integraldarstellung

Es sei $f \in H^2(\mathcal{B})$ und $\gamma(x)$ eine Gewichtsfunktion mit $\gamma \in L^2[-b, b]$. Wir betrachten das lineare beschränkte Funktional

$$Df = \int_{-b}^{b} \gamma(x)\, f(x)\, \mathrm{d}x \tag{1}$$

im Raum $H^2(\mathcal{B})$. Es sei der lineare Operator D beschränkt, bzw. das Integral existient, dann schreiben wir das Funktional nach dem Rieszschen Darstellungssatz als inneres Produkt

$$Df = (f, h) \tag{2}$$

in $H^2(\mathcal{B})$ mit festem $h \in H^2(\mathcal{B})$.

Mit der Grundfunktion $u(z)$, die den Bereich $\mathcal{B}$ konform auf den Einheitskreis abbildet, sei nun

$$f(z) = \sum_{l=0}^{\infty} c_l u^l(z) \tag{3}$$

und

$$h(z) = \sum_{l=0}^{\infty} e_l u^l(z)\,. \tag{4}$$

Die Koeffizienten sind durch

$$c_l = (f, u^l) \tag{5}$$

und

$$e_l = \int_{-b}^{b} \gamma(x)\, u^l(x)\, \mathrm{d}x = Du^l(x) \tag{6}$$

gegeben. Mit ihnen gilt

$$(f, h) = \sum_{l=0}^{\infty} d_l e_l \,. \tag{7}$$

Es muß noch eine Vereinbarung über die Intervallgrenzen $\pm b$ getroffen werden. Diese sei in der Form des folgenden Lemma notiert.

Lemma 1: *Es sei* $\gamma \in L^2[-b, b]$, *dann gilt*

$$h \in H^2(\mathcal{B})$$

genau dann, wenn $\pm b \in \overline{\mathcal{B}}$ *(d. h.* $|u(\pm b)| \leqq 1$*) gilt.*

Beweis: Aus (1) folgt

$$|Df|^2 \leqq \int_{-b}^{b} |\gamma(x)|^2 \,\mathrm{d}x \cdot \int_{-b}^{b} |f(x)|^2 \,\mathrm{d}x = S \,.$$

Wegen $\gamma \in L^2[-b, b]$ ist $\int_{-b}^{b} |\gamma(x)|^2 \,\mathrm{d}x < \infty$.

Für $f \in H^2(\mathcal{B})$ gilt

$$||f||^2 = \frac{1}{\lambda} \int_{\mathfrak{C}} |f(t)|^2 \,\mathrm{d}s < \infty$$

und mit $\pm b \in \overline{\mathcal{B}}$ gilt

$$\int_{-b}^{b} |f(x)|^2 \,\mathrm{d}x \leqq ||f||^2 \,.$$

Damit ist S endlich. Das heißt, das Integral (1) existiert und ist damit nach dem Rieszschen Darstellungssatz als inneres Produkt mit festem $h \in H^2(\mathcal{B})$ darstellbar.

Mit (4) und (6) wird nun $h(z)$ in der Form

$$h(z) = \int_{-b}^{b} \gamma(t) \frac{\mathrm{d}t}{1 - u(z)\, u(t)} = D_t K_u(z, t) \tag{8}$$

dargestellt.*) Aus

$$||h||^2 = \sum_{l=0}^{\infty} |e_l|^2 = \sum_{l=0}^{\infty} \int_{-b}^{b} \gamma(z)\, u^l(z) \int_{-b}^{b} \gamma(t)\, u^l(t) \,\mathrm{d}t \,\mathrm{d}z$$

folgt weiter

$$||h||^2 = \int_{-b}^{b} \int_{-b}^{b} \gamma(z)\, \gamma(t)\, K_u(z, t) \,\mathrm{d}t \,\mathrm{d}z = D_t D_z K_u(z, t) \,. \tag{9}$$

Bemerkung: Statt (1) ist es möglich, andere lineare beschränkte Operatoren zu betrachten. Alle Gleichungen behalten dann mit dieser neuen Belegung des Operators ihre Gültigkeit. Das trifft auch auf Lemma 1 zu, das etwa im Fall $Df = \left.\frac{\mathrm{d} f(z)}{\mathrm{d}z}\right|_{x^*}$ mit $x^* \in \mathcal{B}$ wegen der Holomorphie von $f(z)$ trivialerweise gilt.

2. Restglieder der Quadraturen

Für die Aufgabenstellung

$$I = I(f; b) = Df = \int_{-b}^{b} \gamma(x)\, f(x) \,\mathrm{d}x \tag{1'}$$

*) Der Index am Operator D gibt das Argument an, auf das er wirkt. Im Kern $\frac{1}{1 - u(z)\, \overline{u(t)}}$ kann in diesem Kapitel meist auf die konjugiert komplexe Schreibweise verzichtet werden.

sei ein Näherungswert I_n mit einer Quadraturformel

$$I_n = I_n(f; b) = \sum_{r=0}^{n} a_{nr} f(x_r) \tag{10}$$

ermittelt. Zur Aufstellung und zur Charakterisierung von Quadraturformeln werden häufig die Restglieder

$$E_n = E_n(f; b) = \mathrm{I} - I_n \tag{11}$$

herangezogen. Das soll auch hier geschehen.

Für $f \in H^2(\mathcal{B})$ und falls das lineare Funktional E_n beschränkt ist, dürfen wir wieder den RIESZschen Darstellungssatz benutzen und E_n als inneres Produkt in $H^2(\mathcal{B})$ mit festem $G_n \in H^2(\mathcal{B})$ schreiben

$$E_n(f; b) = (f, G_n)\,. \tag{12}$$

Für $G_n \in H^2(\mathcal{B})$ existiert die Entwicklung

$$G_n(z) = \sum_{l=0}^{\infty} d_l u^l(z) \tag{13}$$

mit

$$d_l = I(u^l; b) - I_n(u^l; b)\,, \tag{14}$$

und damit gilt auch

$$E_n(f; b) = \sum_{l=0}^{\infty} c_l d_l\,. \tag{15}$$

Für $G_n(z)$ wird eine weitere Darstellung angegeben.

Wegen $I(u^l; b) = e_l$ folgt weiter

$$G_n(z) = \sum_{l=0}^{\infty} \left\{e_l - \sum_{r=0}^{n} a_{nr} u^l(x_r)\right\} u^l(z) = h(z) - \sum_{r=0}^{n} \frac{a_{nr}}{1 - u(x_r)\, u(z)}\,,$$

und mit (8) gilt

$$G_n(z) = D_t K_u(z, t) - \sum_{r=0}^{n} a_{nr} K_u(z, x_r)\,. \tag{16}$$

Der folgende Satz gibt die Antwort auf die Frage, wann das lineare Funktional E_n beschränkt ist, bzw. wann $G_n \in H^2(\mathcal{B})$ gilt.

Satz 1: *Es ist $G_n \in H^2(\mathcal{B})$ genau dann, wenn $\pm b \in \overline{\mathcal{B}}$ und $x_r \in \mathcal{B}$, $r = 0(1)\, n$ gilt.*

Beweis: $\pm b \in \overline{\mathcal{B}}$ und $x_r \in \mathcal{B}$, $r = 0(1)\, n$ ist äquivalent mit

$$|u(\mp b)| \leqq 1 \quad \text{und} \quad |u(x_r)| < 1\,, \quad r = 0(1)\, n\,.$$

Für

$$G_n(z) = h(z) - \sum_{r=0}^{n} a_{nr} \frac{1}{1 - u(x_r)\, u(z)}$$

ist zu zeigen $||G_n|| < \infty$ für $\pm b \in \overline{\mathcal{B}}$ und $x_r \in \mathcal{B}$, $r = 0(1)\, n$, und $||G_n|| = \infty$*), falls ein x_r auf dem Rand $\mathcal{C}$ von $\mathcal{B}$ liegt.

Für $D_t \dfrac{1}{1 - u(t)\, u(z)} = h(z)$ wissen wir aus Lemma 1: $h \in H^2(\mathcal{B})$ genau dann, wenn $|u(\mp b)| \leqq 1$.

Damit genügt es, wegen

$$||G_n|| \leqq ||h|| + \left\| \sum_{r=0}^{n} \frac{a_{nr}}{1 - u(x_r)\, u(z)} \right\|$$

zu zeigen

$$\left\| \sum_{r=0}^{n} \frac{a_{nr}}{1 - u(x_r)\, u(z)} \right\| < \infty \quad \text{für} \quad x_r \in \mathcal{B}\,, \quad r = 0(1)\, n\,,$$

*) Hier ist die Norm als Integration aufzufassen, denn $G_n \bar{\in} H^2(\mathcal{B})$.

und

$$\left\| \sum_{r=0}^{n} \frac{a_{nr}}{1 - u(x_r)\, u(z)} \right\| = \infty ,$$

falls wenigstens ein x_k auf dem Rand $\mathscr{C}$ von $\mathscr{B}$ liegt.

Nun ist aber

$$\left\| \sum_{r=0}^{n} \frac{a_{nr}}{1 - u_r(x)\, u(z)} \right\| \leqq \sum_{r=0}^{n} |a_{nr}| \left\| \frac{1}{1 - u(x_r)\, u(z)} \right\| < \infty ,$$

falls

$$|u(x_r)| < 1 , \quad r = 0(1)\, n , \text{ gilt } \left(\left\| \frac{1}{1 - u(x_r)\, u(z)} \right\|^2 = \frac{1}{1 - |u(x_r)|^2} \right).$$

Im anderen Fall ist aus Darstellung (13) mit

$$d_l = e_l - \sum_{r=0}^{n} a_{nr} u^l(x_r)$$

zu sehen: Falls $u(x_k) = 1$ für genau ein $k \in \{0, 1, \ldots, n\}$ gilt, so folgt $\lim\limits_{l \to \infty} |d_l| = |a_{nk}|$ und damit

$$||G_n||^2 = \sum_{l=0}^{\infty} |d_l|^2 = \infty , \qquad \text{für} \quad a_{nk} \neq 0 .$$

Im Fall $|u(x_k)| = 1$ für zwei oder mehrere $k \in \{0, 1, \ldots, n\}$ etwa für $k = 0(1)\, r$ liefert die lineare Verknüpfung

$$\sum_{k=0}^{r} a_{nk} \frac{1}{1 - u(x_k)\, u(z)} = \psi_r(z)$$

der Funktionen

$$\frac{1}{1 - u(x_k)\, u(z)} = \varphi_k(z) \qquad \text{mit} \qquad \varphi_k \,\bar{\in}\, H^2(\mathscr{B})$$

stets ein $\psi_k \,\bar{\in}\, H^2(\mathscr{B})$ und damit

$$\left\| \sum_{r=0}^{n} \frac{a_{nr}}{1 - u(x_r)\, u(z)} \right\| = \infty ,$$

und der Beweis ist vollständig.

Aus (12) erhalten wir mit Hilfe der SCHWARZschen Ungleichung die folgende Fehlerschranke für den Quadraturrest.

Satz 2: *Es sei* $f \in H^2(\mathscr{B})$, $|u(\pm b)| \leqq 1$, $|u(x_r)| < 1$, $r = 0(1)\, n$. *Dann gilt*

$$|E_n(f; b)| \leqq ||f||\; ||G_n|| .$$

Auf diese Schranke wird im Kapitel IV „Restglieder und Restgliedschranken" näher eingegangen.*)

3. Zwei Darstellungen der Verfahrensnorm

An dieser Stelle wollen wir der von $f(z)$ unabhängigen „Verfahrenskonstanten" oder Verfahrensnorm $||G_n||$ unsere Aufmerksamkeit widmen. Mit ihrer Hilfe können lineare Approximationsmethoden auf algebraischem Weg charakterisiert werden.

*) Sie ist im klassischen Fall $u(z) = z$ im Fall $b < 1$ von Ph. J. DAVIS [3] und für $b = 1$ von H. S. WILF [27] für die nach ihm benannten Quadraturen angegeben worden.

Die erste benötigte Darstellung der Verfahrensnorm erhalten wir aus (13)

$$||G_n||^2 = \sum_{l=0}^{\infty} |d_l|^2 \tag{17}$$

mit

$$d_l = I(u^l; b) - I_n(u^l; b) . \tag{14}$$

Für die zweite Darstellung sei das Quadraturrestglied der Funktion $G_n(z)$ selbst betrachtet. Es gilt

$$E_n(G_n; b) = (G_n, G_n) = ||G_n||^2 = I(G_n; b) - I_n(G_n; b) .$$

Von (16) sei nun $I(G_n; b) - I_n(G_n; b)$ gebildet. Es folgt die gesuchte Darstellung

$$||G_n||^2 = D_z D_t K_u(z, t) - 2 \sum_{r=0}^{n} a_{nr} D_z K_u(z, x_r) + \sum_{r=0}^{n} \sum_{k=0}^{n} a_{nr} a_{nk} K_u(x_k, x_r) . \tag{18}$$

4. Algebraische Charakterisierung von Quadraturmethoden im Raum $H^2(\mathcal{B})$

Im folgenden werden vier Klassen von Quadraturmethoden im Raum $H^2(\mathcal{B})$ definiert. Die ersten beiden sind Verallgemeinerungen der klassischen interpolatorischen, die beiden anderen der Wilfschen Quadraturen.

4.1. Einfache interpolatorische Quadraturen

Die Stützstellen x_r, $r = 0(1)\,n$ werden vorgegeben. Sie sind den Bedingungen

$$x_r \in \mathcal{B} , \qquad (|u(x_r)| < 1) , \qquad r = 0(1)\,n ,$$

und $x_r \neq x_k$ für $r \neq k$ unterworfen.

Bei einfachen interpolatorischen Quadraturen werden nun die Gewichte a_{nr} so bestimmt, daß eine Anzahl von Koeffizienten in (17) verschwindet. Genauer, es werden die Gewichte aus dem linearen Gleichungssystem

$$d_l = e_l - \sum_{r=0}^{n} a_{nr} u^l(x_r) = 0 , \qquad l = 0(1)\,n , \tag{19}$$

ermittelt. Dieses System hat stets eine Lösung, falls $u(x_r) \neq u(x_k)$ für $r \neq k$ bzw. $u(z)$ einfachwertig ist und die Stützstellen paarweise verschieden sind.

Wir erhalten dann

$$||G_n||^2 = \sum_{l=n}^{\infty} \left| e_l - \sum_{r=0}^{n} a_{nr} u^l(x_r) \right|^2 . \tag{17'}$$

Fixelemente der Quadratur sind wegen $d_l = 0$, $l = 0(1)\,n$, und der Restglieddarstellung (14) die Funktionen

$$\sum_{l=0}^{n} c_l u^l(z) .$$

4.2. Gausssche Quadraturen

Bei diesen werden Stützstellen und Gewichte aus dem nichtlinearen algebraischen Gleichungssystem

$$d_l = e_l - \sum_{r=0}^{n} a_{nr} u^l(x_r) = 0 , \qquad l = 0(1)\,2n + 1 , \tag{20}$$

ermittelt. Die $2n + 2$ unbekannten Größen dieses Systems sind a_{nr} und $u(x_r)$, $r = (1)n$. Aus den $u(x_r)$ sind die eigentlichen Stützstellen x_r zu berechnen, was wegen der Einfachwertigkeit der Grundfunktion $u(z)$ stets möglich ist.

Die Fixelemente der Quadratur erhalten wir wegen $d_l = 0$ für $l = 0(1)\,2n + 1$ aus (15) in der Form

$$\sum_{l=0}^{2n+1} c_l u^l(z) .$$

4.3. Wilfsche Quadraturen

Von H. S. Wilf [27] wurden im Fall „$u(z) = z$ und $\mathscr{B}$ sei die offene Einheitskreisscheibe" diese Quadraturen angegeben. Dabei wurden $\gamma(x) = 1$ und das Integrationsintervall $[0, 1]$ und in Nachfolgearbeiten auch das Intervall $[-1, 1]$ gewählt.

Wilfsche Quadraturen sind optimal in $H^2(\mathscr{B})$. Sie können optimal bei vorgegebenen Stützstellen (Bezeichnung hier Wilfsche Quadraturen) in bezug auf die Gewichte a_{nr} oder optimal in bezug auf die Gewichte und Stützstellen sein (Bezeichnung hier Wilfsche Quadraturen vom Gaussschen Typ).

Bei den Wilfschen Quadraturen werden also die Stützstellen $x_r \in \mathscr{B}$, $r = 0(1)\,n$, vorgegeben.

Die Gewichte a_{nr} werden aus der Optimalitätsforderung

$$\frac{\partial\, ||G_n||^2}{\partial a_{nr}} = 0\,, \qquad r = 0(1)\,n\,, \tag{21}$$

ermittelt. Um (21) auszuwerten, wird die Darstellung (18) für $||G_n||^2$ benutzt. Da in (18)

$$||h||^2 = D_z D_t K_u(z, t)$$

eine Konstante in bezug auf die Variablen a_{nr} ist, folgt aus (21) das lineare Gleichungssystem

$$DK_u(z, x_r) = \sum_{k=0}^{n} a_{nk} K_u(x_k, x_r)\,, \qquad r = 0(1)\,n\,, \tag{22}$$

zur Ermittlung der Gewichte. Dieses ist wieder eindeutig lösbar, falls $x_r \neq x_k$, $r \neq k$ und $u(z)$ einfachwertig für $z \in \mathscr{B}$ ist.

Aus der Bedingung (22) sind die Fixelemente

$$K_u(z, x_r) = \frac{1}{1 - u(x_r)\, u(z)}\,, \qquad r = 0(1)\,n\,, \tag{23}$$

ablesbar.

4.4. Wilfsche Quadraturen vom Gaussschen Typ

Es wird über Stützstellen und Gewichte optimiert. Außer (21) wird

$$\frac{\partial\, ||G_n||^2}{\partial x_r} = 0\,, \qquad r = 0(1)\,n\,, \tag{24}$$

gefordert. Die Auswertung von (24) mit (18) ergibt

$$D[u(z)\, K_u^2(x_r, z)] = \sum_{k=0}^{n} a_{nk} u(x_k)\, K_u^2(x_r, x_k)\,, \qquad r = 0(1)\,n\,. \tag{25}$$

Zur Berechnung der unbekannten Größen a_{nr}, $u(x_r)$, $r = 0(1)\,n$, steht nun das aus (22) und (25) bestehende gekoppelte nichtlineare nichtalgebraische Gleichungssystem zur Verfügung. Mit einfachwertigem $u(z)$ für $z \in \mathscr{B}$ ist die Lösung stets berechenbar. Die eigentlichen Stützstellen x_r erhalten wir dann aus $u(x_r)$.

Fixelemente dieser Quadratur sind die in (23) aufgeführten, und weiter lesen wir aus (25) ab

$$u(z)\, K_u^2(x_r, z) = \frac{u(z)}{(1 - u(x_r)\, u(z))^2}, \quad r = 0(1)\, n\,. \tag{26}$$

Bemerkung: Das gekoppelte System (22) und (25) ist schlecht konditioniert]12] und damit numerisch nur mit erheblichem Aufwand lösbar.

5. Interpolatorische Charakterisierung von Quadraturmethoden im Raum $H^2(\mathscr{B})$

Die in 4.1 bis 4.4 algebraisch charakterisierten Quadraturmethoden werden im folgenden auf interpolatorische Art beschrieben. Wir gehen dabei stets von einer LAGRANGE-Interpolationsfunktion mit paarweise verschiedenen oder auch wiederholten (HERMITE-Form) Stützstellen aus und gewinnen die Quadraturformel durch

$$DL_n(f; z) = \sum_{r=0}^{n} f(x_r)\, Dl_r(z) = \sum_{r=0}^{n} f(x_r)\, a_{nr} \tag{27}$$

mit

$$l_r(z) = \prod_{\substack{i \neq r \\ i=0}}^{n} \frac{h_i(z)}{h_i(x_r)} \prod_{i=0}^{n} \frac{g_i(x_r)}{g_i(z)}\,.$$

Um den passenden Interpolationstyp für die Quadraturen 4.1 bis 4.4 zu finden, orientieren wir uns an den Fixelementen. An dieser Stelle sei darauf hingewiesen, daß $DL_n(f; z)$ dieselben Fixelemente wie $L_n(f; z)$ besitzt*), falls D ein linearer beschränkter Operator ist.

5.1. Einfache interpolatorische Quadraturen

Für diese in 4.1 algebraisch charakterisierten Quadraturen erhielten wir die Fixelemente $\sum_{l=0}^{n} c_l u^l(z)$ bei paarweise verschiedenen Stützstellen $x_0, x_1, \ldots, x_n$. Die LAGRANGE-Funktion des Typ I mit $h_l(z) = u(z) - u(x_l)$, $g_l(z) \equiv 1$ hat genau diese Fixelemente.

Deshalb sind aus der verallgemeinerten LAGRANGE-Funktion die Gewichte durch

$$a_{nr} = D \prod_{\substack{l \neq r \\ l=0}}^{n} \frac{u(z) - u(x_l)}{u(x_r) - u(x_l)}, \quad r = 0(1)\, n\,, \tag{28}$$

bestimmt.

5.2. GAUSSsche Quadraturen

Diese in 4.2 algebraisch charakterisierten Quadraturen besitzen die Fixelemente

$$\sum_{l=0}^{2n+1} c_l u^l(z)$$

*) Fixelemente seien in diesem Fall durch $DL_n(\psi; z) = D\psi(z)$ definiert.

bei nur $n + 1$ paarweise verschiedenen Stützstellen $x_0, x_1, \dots, x_n$. Der HERMITE-Operator H_{n+1} des Typ I (siehe I.10) bezüglich dieser Stützstellen besitzt genau diese Fixelemente. Um eine Quadraturformel der Bauart $\sum_{r=0}^{n} a_{nr} f(x_r)$ aus H_{n+1} zu erhalten, müssen wir fordern

$$a_{nr} = D \prod_{\substack{i \neq r \\ i=0}}^{n} \left(\frac{u(z) - u(x_i)}{u(x_r) - u(x_i)} \right)^2, \quad r = 0(1)\,n\,, \tag{29}$$

und

$$0 = D \prod_{\substack{l \neq r \\ l=0}}^{n} (u(z) - u(x_l))^2 \, (u(z) - u(x_r))\,, \quad r = 0(1)\,n\,. \tag{30}$$

Im Fall $n = 0$ sind die Produkte in (29) und (30) durch den Wert 1 zu ersetzen.

Durch diese beiden Gleichungssysteme ist nun das nichtlineare algebraische Gleichungssystem (20) entkoppelt.

5.3. WILFsche Quadraturen

Für die in 4.1 und 4.2 behandelten Quadraturen erhielten wir stets die Gesamtheit der Fixelemente. Für die WILFschen Quadraturen hingegen kennen wir mit (23)

$$k_u(z, x_r) = \frac{1}{1 - u(x_r)\,u(z)}\,, \quad r = 0(1)\,n\,,$$

genau $n + 1$ Elemente einer Klasse von Fixelementen, die möglicherweise umfangreicher ist. Der Interpolationstyp II mit

$$h_l(z) = u(z) - u(x_l)\,, \quad g_l(z) = 1 - u(x_l)\,u(z)$$

liefert für L_n die Fixelemente

$$\prod_{i=0}^{n} \frac{1}{1 - u(x_i)\,u(z)} \sum_{l=0}^{n} c_l u^l(z)$$

mit $|c_l| < \infty$, $l = 0(1)\,n$. Da wir über die Koeffizienten c_l frei verfügen können, etwa in der Form

$$\sum_{l=0}^{n} c_l u^l(z) = \prod_{\substack{i \neq r \\ i=0}}^{n} (1 - u(x_i)\,u(z))\,,$$

so sind tatsächlich die Funktionen aus (23) Fixelemente des LAGRANGE-Operators vom Typ II mit obigen $h_l(z)$ und $g_l(z)$.

Daher dürfen die Gewichte der WILFschen Quadratur mit vorgegebenen paarweise verschiedenen Stützstellen $x_0, x_1, \dots, x_n$ aus $\mathscr{B}$ auch durch

$$a_{nr} = D \prod_{\substack{l \neq r \\ l=0}}^{n} \frac{u(z) - u(x_l)}{u(x_r) - u(x_l)} \prod_{l=0}^{n} \frac{1 - u(x_l)\,u(x_r)}{1 - u(x_l)\,u(z)}\,, \quad r = 0(1)\,n\,, \tag{31}$$

berechnet werden.

5.4. WILFsche Quadraturen vom GAUSSschen Typ

Für diese Quadraturen ermittelten wir in 4.4 die Fixelemente

$$\frac{1}{1 - u(x_r)\,u(z)}\,, \quad r = 0(1)\,n\,, \tag{23}$$

und

$$\frac{u(z)}{(1 - u(x_r)\,u(z))^2}\,, \quad r = 0(1)\,n\,. \tag{26}$$

Wir betrachten den HERMITE-Operator H_{n+1} des Interpolationstyp II bezüglich der Stützstellen $x_0, x_1, \dots, x_n$ (siehe I.13, 65,II). Dieser hat die Fixelemente

$$\prod_{i=0}^{n}\left(\frac{1}{1-u(x_i)\,u(z)}\right)^2 \sum_{l=0}^{2n+1} c_l u^l(z)$$

mit $|c_l| < \infty$, $l = 0(1)\,2n+1$. Da wieder über die Koeffizienten frei verfügt werden darf, wählen wir erstens

$$\sum_{l=0}^{2n+1} c_l u^l(z) = \prod_{\substack{i \neq r\\ i=0}}^{n} (1-u(x_i)\,u(z))^2\,(1-u(x_r)\,u(z))\,, \qquad r = 0(1)\,n\,,$$

und zweitens

$$\sum_{l=0}^{2n+1} c_l u^l(z) = \prod_{\substack{i \neq r\\ i=0}}^{n} (1-u(x_i)\,u(z))^2\,u(z)\,, \qquad r = 0(1)\,n\,,$$

um die speziellen Fixelemente (23) bzw. (26) zu erhalten.

Aus der HERMITE-Funktion (65,II) leitet sich die WILFsche Quadratur vom GAUSSschen Typ nun ab, indem mit

$$l_r(z) = \prod_{\substack{i \neq r\\ i=0}}^{n} \frac{u(z)-u(x_i)}{u(x_r)-u(x_i)} \prod_{i=0}^{n} \frac{1-u(x_i)\,u(x_r)}{1-u(x_i)\,u(z)}$$

$$a_{nr} = D l_r^2(z)\,, \qquad r = 0(1)\,n\,, \tag{32}$$

und

$$0 = D[l_r^2(z)\,(u(z)-u(x_r))]\,, \qquad r = 0(1)\,n\,, \tag{33}$$

gefordert wird.

Für die herkömmlichen WILFschen Quadraturen vom GAUSSschen Typ mit $u(z) = z$, $\gamma(x) \equiv 1$ und für das Integrationsintervall $[-1, 1]$ hat H. ENGELS [6, 9, 10] bereits die HERMITE-Funktion angegeben, allerdings ohne den Zusammenhang mit der TAKENAKA-Interpolation zu erkennen. Damit ist H. ENGELS auch erstmals die Entkopplung des Systems (22) und (25) gelungen. Auf dieser Grundlage wurden von H. ENGELS und U. ECKARDT [12] Stützstellen und Gewichte mit 25 zuverlässigen Dezimalstellen bis zum Wert $n = 32$ *) für diese Quadraturen berechnet.

Aus den sehr schlecht konditionierten Systemen (22) und (25) berechnete H. S. WILF [27] Gewichte und Stützstellen bis zu $n = 3$ und U. ECKHARDT [5] bis zu $n = 5$.

6. Eigenschaften der Quadraturen

Die in den Abschnitten 4 und 5 algebraisch und interpolatorisch hergeleiteten Quadraturformeln sind im Fall $u(z) = z$ in der Literatur zu finden. So gehören zu den hier einfach interpolatorische Quadraturen (4.1 und 5.1) genannten z.B. die NEWTON-COTES Formeln. Gewichte und Stützstellen dieser für $\gamma(x) = 1$ und der GAUSS-Quadraturen (4.2 und 5.2) bezüglich verschiedener Gewichtsfunktionen sind z.B. in [28] zu finden.

Stützstellen und Gewichte der WILFschen Quadraturen mit der Gewichtsfunktion $\gamma(x) = 1$ (aus dem algebraischen System (22) berechnet) sind von H. ENGELS und R. MANGOLD in [13] und [8] tabelliert. Die Tabelle der Quadraturen mit äquidistanten Stützstellen in [13] ist fehlerhaft. In [12] sind, wie schon erwähnt, Gewichte und Stützstellen WILFscher Quadraturen vom GAUSSschen Typ für $\gamma(x) = 1$ aufgeführt.

*) Indizierung der Stützstellen beginnt dort mit 1.

Mit der hier erfolgten interpolatorischen Charakterisierung der WILFschen Quadraturen ist es weiter möglich, z.B. für $u(z) = z$

$$a_{nr} = D \prod_{\substack{l \neq r \\ l=0}}^{n} \frac{u(z) - u(x_l)}{u(x_r) - u(x_l)} \prod_{l=0}^{n} \frac{1 - u(x_l)\, u(x_r)}{1 - u(x_i)\, u(z)} \tag{31}$$

im Fall $\gamma(z) \equiv 1$ direkt auszuwerten.

Es ergibt sich dann

$$a_{nr} = \sum_{l=0}^{n} \frac{1}{x_l} \ln \frac{1 + x_l b}{1 - x_l b} \prod_{\substack{i \neq l \\ i=0}}^{n} \frac{1}{x_l - x_i} \prod_{\substack{i=0 \\ i \neq r}}^{n} (1 - x_i x_l) \cdot \frac{\prod_{i=0}^{n} (1 - x_i x_r)}{\prod_{\substack{i \neq r \\ i=0}}^{n} (x_r - x_i)}. \tag{34}$$

Die Eigenschaften der in Abschnitt 4 oder 5 behandelten Quadraturen hängen wesentlich von den Fixelementen des zugrunde liegenden Interpolationstyps ab. Die Fixelemente der Interpolation und der aus ihr erzeugten Quadratur sind dieselben. Betrachten wir etwa die Fixelemente der WILFschen Quadratur

$$\prod_{i=0}^{n} \frac{1}{1 - u(x_i)\, u(z)} \sum_{l=0}^{n} c_l u^l(z), \tag{*}$$

so ist folgendes zu erkennen.

Die Fixelemente sind rationale Funktionen in $u(z)$. Gilt $u(x_i) \neq 0$, $i = 0(1)\, n$, so ist der Nennergrad $n + 1$ um wenigstens 1 größer als der Zählergrad (genau um 1 größer für $c_{n'} \neq 0$). In diesem Fall ist die Funktion $\varphi(z) \equiv 1$ nicht Fixelement der Quadratur.

Wird nun $u(x_k) = 0$ für genau ein k gewählt, so ist der Nennergrad n, und es ist möglich

$$\sum_{l=0}^{n} c_l u^l(z) = \prod_{\substack{i \neq k \\ i=0}}^{n} (1 - u(x_i)\, u(z))$$

zu bestimmen. Damit ist $\varphi(z) \equiv 1$ Fixelement der Interpolation und Quadratur.

Entsprechend gilt für die Fixelemente

$$\prod_{i=0}^{n} \left(\frac{1}{1 - u(x_i)\, u(z)}\right)^2 \sum_{l=0}^{2n+1} c_l u^l(z)$$

der WILFschen Quadratur vom GAUSSschen Typ, daß nur, falls $u(x_k) = 0$ für ein k ist, die Funktionen

$$1\,, \quad u(z)$$

spezielle Fixelemente dieser Quadratur bzw. des zugehörigen HERMITE-Operators sind.

Eine Folge dieser Eigenschaften für beide Quadraturen ist, daß

$$\sum_{r=0}^{n} a_{nr} \leqq 2b \tag{35}$$

gilt, wobei = nur dann stehen kann, wenn $u(x_k) = 0$ für wenigstens ein k gilt.

Aus (29) und aus (32) ist zu erkennen, daß die Gewichte GAUSSscher und WILFscher Quadraturen vom GAUSSschen Typ stets positiv sind.

Für letztere bewies dies schon U. ECKHARDT [5].

Im Fall $u(z) = z$ ist bekannt, daß die Stützstellen dieser Quadraturen stets reelle, paarweise verschiedene Zahlen aus $(-b, b)$ sind. Für die WILFschen Quadraturen vom GAUSSschen Typ zeigte dies N. RICHTER [22, 23].

Weiter ist im Fall $u(z) = z$ die Symmetrie der GAUSS-Quadraturen bekannt. Die in [12] berechneten WILFschen Quadraturen vom GAUSSschen Typ sind ebenfalls symmetrisch. Ein allgemeiner Nachweis der Symmetrie scheint noch nicht erbracht, ist aber auch für $u(z) \neq z$ zu vermuten, falls $u(z) = -u(-z)$ gilt.

U. Eckhardt und H. Engels [12] testeten Gausssche und Wilfsche Quadraturen vom Gaussschen Typ. Sie kommen zu dem Ergebnis, daß zwischen beiden Quadraturen keine Konkurrenz besteht, sondern Ergänzung. So liefern die einen gute Resultate, wo die anderen versagen und umgekehrt. Die Wilfschen quadrieren ein Polynom nicht exakt, liefern aber gute Näherungswerte bei Funktionen mit wesentlichen Singularitäten auf dem Rande des Einheitskreises, speziell auch in den Punkten $+1$ und -1 oder in deren Nähe. Dies gilt auch für das Integrationsintervall $[-b, b] = [-1, 1]$.

Zum Abschluß sei auf einen weiteren Unterschied zwischen den Quadraturen auf der Basis des Interpolationstyps I und II hingewiesen. Für Quadraturen auf der Basis des Typs I gilt, bezüglich der Abhängigkeit der Gewichte von der Intervallgrenze b, die lineare Beziehung

$$a_{nr}(b) = b a_{nr}^*\,, \qquad r = 0(1)\,n\,,$$

wobei a_{nr}^* nicht von b abhängt. Eine solche lineare Relation kann für die Gewichte

$$a_{nr} = \int_{-b}^{b} \gamma(z) \prod_{\substack{i \neq r\\ i=0}}^{n} \frac{u(z) - u(x_i)}{u(x_r) - u(x_i)} \prod_{i=0}^{n} \frac{1 - u(x_i)\,u(x_r)}{1 - u(x_i)\,u(z)}\,\mathrm{d}z\,, \qquad r = 0(1)\,n\,,$$

der Wilfschen Quadraturen (oder der vom Gaussschen Typ) nicht existieren.

7. Gemischte Quadraturen

Nach den Ausführungen des vorigen Abschnitts sind Quadraturen über dem Intervall $[-1, 1]$ auf der Basis des Interpolationstyps I, denen auf der Basis des Typs II vorzuziehen, wenn der Integrand relativ glatt ist und am Rande des Intervalls keine Singularitäten auftreten. Ist dies aber nicht der Fall, so ist das Resultat mit Quadraturen auf der Basis des Interpolationstyps II im allgemeinen besser. Es liegt nun nahe, beide Quadraturen zu koppeln, derart, daß von beiden Interpolationstypen die günstigen Eigenschaften übernommen werden.

Wird nun wie bei den einfachen interpolatorischen Quadraturen in 4.1

$$Du^r(z) = \sum_{k=0}^{n} a_{nk} u^r(x_k)\,, \qquad r = 0(1)\,n\,, \tag{19}$$

und zusätzlich, wie bei den Wilfschen in 4.3,

$$D\frac{1}{1 - u(x_r)\,u(z)} = \sum_{k=0}^{n} \frac{a_{nk}}{1 - u(x_k)\,u(x_r)}\,, \qquad r = 0(1)\,n\,, \tag{22}$$

gefordert, so haben wir $2n + 2$ Bedingungsgleichungen, um die gesuchten Unbekannten $u(x_r)$, a_{nr}, $r = 0(1)\,n$ zu berechnen. Setzen wir voraus, daß das gekoppelte nichtlineare nichtalgebraische System (19) und (22) eine Lösung hat, so erhalten wir eine Quadratur mit Eigenschaften der Interpolationstypen I und II. Fixelemente sind sowohl

$$\sum_{l=0}^{n} c_l u^l(z)$$

als auch

$$\prod_{i=0}^{n} \frac{1}{1 - u(x_i)\,u(z)} \sum_{l=0}^{n} c_l u^l(z)\,.$$

Für symmetrische Gewichtsfunktionen $\gamma(z) = \gamma(-z)$ in

$$Df = \int_{-1}^{1} \gamma(z)\, f(z)\, dz$$

erhalten wir aus (19) wegen $Du^{2l+1} = 0$, $l = 0, 1, \ldots$, auch symmetrische Quadraturen. Das Gleichungssystem (19) reduziert sich damit derart

$$u(x_r) = -u(-x_{n-r}), \quad a_{nr} = a_{n,n-r}, \quad r = 0(1)\left[\frac{n}{2}\right] \text{*)}, \tag{36}$$

und

$$Du^{2r} = \sum_{k=0}^{[n]} a_{nk} u^{2r}(x_k), \quad r = 0(1)\left[\frac{n}{2}\right]. \tag{37}$$

Das Gleichungssystem (22) reduziert sich wegen

$$D\frac{1}{1 - u(x_r)\, u(z)} = D\frac{1}{1 + u(x_r)\, u(z)}$$

auf

$$D\frac{1}{1 - u(x_r)\, u(z)} = \sum_{k=0}^{[n]} \frac{a_{nk}}{1 - u(x_k) u(x_r)}, \quad r = 0(1)\left[\frac{n}{2}\right]. \tag{38}$$

Das System (36), (37) und (38) enthält $2n + 2$ Gleichungen.

Wird auf eine Forderung, etwa

$$Du^{2[n/2]}(z) = \sum_{k=0}^{n} a_{nk}\, u^{2[n/2]}(x_r) \tag{39}$$

aus (19), verzichtet, so ergibt sich damit die Möglichkeit, einen Parameter, z. B. eine Stützstelle, frei zu wählen. (Es sei auf die Beispiele in Abschnitt 9 verwiesen.)

Nach der algebraischen Charakterisierung folgt nun die interpolatorische. Wir können vom Interpolationstyp II ausgehen und wählen einen HERMITEschen Operator entsprechend I.13 (64) im Fall $n = 2l + 1$ derart

$$\widetilde{H}_n(f; z) = \sum_{r=0}^{n} f(x_r) \prod_{\substack{i=0\\ i \neq r}}^{n} \frac{u(z) - u(x_i)}{u(x_r) - u(x_i)} \prod_{i=0}^{n} \frac{1 - u(x_i)\, u(x_r)}{1 - u(x_i)\, u(z)} \left(\frac{u(z)}{u(x_r)}\right)^{n+1}$$

$$+ \prod_{i=0}^{n} \frac{u(z) - u(x_i)}{1 - u(x_i)\, u(z)}\, T_n^*\left(f(z) \prod_{i=0}^{n} \frac{1 - u(x_i)\, u(z)}{u(z) - u(x_i)}\, ;\, z;\, 0\right). \tag{40}$$

Für diesen gelte $u(x_r) \neq 0$, $r = 0(1)\, n$. Der Operator hat die Eigenschaften

$$\widetilde{H}_n(f; x_r) = f(x_r), \quad r = 0(1)\, n, \tag{41}$$

und

$$\widetilde{H}_n^{(k)}(f; 0) = f^{(k)}(0), \quad k = 0(1)\, n. \tag{42}$$

Weiter hat dieser, da er Grenzwert eines LAGRANGE-Operators des Typs II ist, die Fixelemente

$$\prod_{i=0}^{n} \frac{1}{1 - u(x_i)\, u(z)} \sum_{l=0}^{2n+1} c_l^* u^l(z).$$

Durch spezielle Wahl der Koeffizienten c_l^* erhalten wir die oben angeführten zwei Fixelementeklassen. Gemäß der Aussagen über TAYLOR-Reihen in I.9 ist

$$T_n^*\left(f(z) \prod_{i=0}^{n} \frac{1 - u(x_i)\, u(z)}{u(z) - u(x_i)}\, ;\, z;\, 0\right) = \sum_{l=0}^{n} d_l^* u^l(z).$$

Die genaue Angabe der d_l^* ist hier nicht erforderlich.

---

*) $[a]$ sei der ganzzahlige Anteil von a.

Aus der HERMITE-Interpolationsfunktion (40) erhalten wir nun eine Quadraturformel der Form

$$\sum_{r=0}^{n} = a_{nr} f(x_r) ,$$

indem gefordert wird

$$a_{nr} = D \prod_{\substack{i \neq r \\ i=0}}^{n} \frac{u(z) - u(x_i)}{u(x_r) - u(x_i)} \prod_{i=0}^{n} \frac{1 - u(x_i)\, u(x_r)}{1 - u(x_i)\, u(z)} \left(\frac{u(z)}{u(x_r)}\right)^{n+1} , \quad r = 0(1)\, n \tag{43}$$

und

$$0 = D u^r(z) \prod_{i=0}^{n} \frac{u(z) - u(x_i)}{1 - u(x_i)\, u(z)} , \quad r = 0(1)\, n . \tag{44}$$

Für ungerade n ist die Zuordnung von algebraischer Charakterisierung (19) und (22) und interpolatorischer (43) und (44) eindeutig.

Es sei $n = 2l$, $l = 0, 1, \ldots$. Der HERMITE-Operator

$$\begin{aligned} \tilde{\tilde{H}}_n(f; z) = & \sum_{\substack{r \neq n/2 \\ r=0}}^{n} f(x_r) \prod_{\substack{i \neq r \\ i=0}}^{n} \frac{u(z) - u(x_i)}{u(x_r) - u(x_i)} \prod_{i=0}^{n} \frac{1 - u(x_i)\, u(x_r)}{1 - u(x_i)\, u(z)} \left(\frac{u(z)}{u(x_r)}\right)^{n+2} \\ & + \prod_{\substack{i \neq n/2 \\ i=0}}^{n} \frac{u(z) - u(x_i)}{1 - u(x_i)\, u(z)} T^*_{n+2}\left(f(z) \prod_{\substack{i=0 \\ i \neq n/2}}^{n} \frac{1 - u(x_i)\, u(z)}{u(z) - u(x_i)} ;\ z; 0\right) , \end{aligned} \tag{45}$$

für den $u(x_{n/2}) = 0$ und $u(x_r) \neq 0$ für $r \neq n/2$ gelte, hat die Eigenschaften

$$\tilde{\tilde{H}}_n(f; x_r) = f(x_r) , \quad r = 0(1)\, \frac{n}{2} - 1 , \quad \frac{n}{2} + 1(1)\, n , \tag{46}$$

und

$$\tilde{\tilde{H}}_n^{(k)}(f; 0) = f^{(k)}(0) , \qquad k = 0(1)\, n + 2 . \tag{47}$$

Da $\tilde{\tilde{H}}_n$ Grenzwert eines LAGRANGE-Operators L_{2n+2} ist, hat $\tilde{\tilde{H}}_n$ die Fixelemente

$$\prod_{\substack{i \neq n/2 \\ i=0}}^{n} \frac{1}{1 - u(x_i)\, u(z)} \cdot \sum_{l=0}^{2n+2} c_l^* u^l(z) . \tag{48}$$

Durch geeignete Wahl der Koeffizienten c_l^* bekommen wir die speziellen Fixelemente

$$\frac{1}{1 - u(x_r)\, u(z)} , \qquad r = 0(1)\, \frac{n}{2} - 1 , \quad \frac{n}{2} + 1(1)\, n ,$$

und auch

$$\sum_{l=0}^{n+2} c_l u^l(z) .$$

Das sind genau die Fixelemente der gemischten Quadratur im Fall $n = 2l$, die durch (19) und (22) charakterisiert ist.

Die Gewichte und Stützstellen genügen damit den entkoppelten Gleichungssystemen

$$D \prod_{\substack{i \neq n/2 \\ i=0}}^{n} \frac{u(z) - u(x_i)}{1 - u(x_i)\, u(z)} u^r(z) = 0 , \qquad r = 1(1)\, n + 2 , \tag{49}$$

und

$$\left.\begin{aligned} a_{nr} &= D \prod_{\substack{i \neq r \\ i=0}}^{n} \frac{u(z) - u(x_i)}{u(x_r) - u(x_i)} \prod_{i=0}^{n} \frac{1 - u(x_i)\, u(x_r)}{1 - u(x_i)\, u(z)} \left(\frac{u(z)}{u(x_r)}\right)^{n+2} , \quad r = 0(1)\, n , \ r \neq \frac{n}{2} , \\ a_{n,\, n/2} &= D \prod_{\substack{i \neq n/2 \\ i=0}}^{n} \frac{u(z) - u(x_i)}{- u(x_i)} \prod_{\substack{i \neq n/2 \\ i=0}}^{n} \frac{1}{1 - u(x_i)\, u(z)} . \end{aligned}\right\} \tag{50}$$

Damit ist auch im Fall $n = 2l$ die eindeutige Zuordnung von algebraischer und interpolatorischer Charakterisierung dieser Quadratur gegeben.

8. Orthogonalfunktionen über Intervallen

Zur Berechnung der Stützstellen und Gewichte der verallgemeinerten GAUSSschen Quadraturen kann erstens das nichtlineare algebraische System (20) aus III.4.2 herangezogen werden. Zweitens haben wir durch die interpolatorische Charakterisierung die Möglichkeit, aus (30) die Stützstellen und mit diesen dann aus (29) die Gewichte zu berechnen. Aus der klassischen Theorie der Orthogonalpolynome (siehe z.B. [14]) ist bekannt, daß zu jeder Gewichtsfunktion $\gamma(x)$ über einem endlichen Intervall $[a, b]$ ein System von Polynomen

$$Q_m(x)\,, \qquad m = 0, 1, \ldots$$

existiert, so daß

$$\int_a^b \gamma(x)\, Q_m(x)\, Q_n(x)\, dx \begin{cases} = 0 & \text{für} \quad m \neq n \\ \neq 0 & \text{für} \quad m = n \end{cases}$$

gilt. Die Nullstellen $x_i^{(n)}$, $i = 1(1)\,n$, des Polynoms $Q_n(x)$ sind alle einfach, reell und liegen im offenen Intervall (a, b). Es gilt weiter, die Nullstellen $x_i^{(n)}$ des Polymons $Q_n(x)$ sind die Stützstellen der GAUSS-Quadratur $\sum_{r=1}^{n} a_{nr} f(x_r)$ mit der Belegung $\gamma(x)$. Im Fall $\gamma(x) = 1$ und $[a, b] = [-1, 1]$ liefern die Nullstellen der LEGENDRE-Polynome die Stützstellen der GAUSSschen Quadraturen. Bei Kenntnis eines solchen Systems von Orthogonalpolynomen hat man in Verbindung mit (20) oder (29) eine weitere, besonders vorteilhafte Möglichkeit zur Bestimmung von GAUSS-Quadraturen zur Verfügung.

Im folgenden werden verallgemeinerte GAUSSsche Quadraturen ebenfalls über die Nullstellen von Orthogonalfunktionen bzgl. eines vorgegebenen Intervalles und gegebener Gewichtsfunktion bestimmt.

Vorerst geben wir die Konstruktionsvorschrift für verallgemeinerte Orthogonalfunktionen an und zeigen, daß deren Nullstellen die Stützstellen GAUSSscher Quadraturen sind.

Es sei wieder $u(z)$ Grundfunktion eines Raumes $H^2(\mathcal{B})$. Die Funktion $u(z)$ bilde $\mathcal{B}$ auf das Innere des Einheitskreises konform ab. Falls $\mathcal{B}$ ein endlicher einfach zusammenhängender Bereich ist, der den Ursprung $z = 0$ enthält, gilt

$$|u(a)| = |u(b)| = 1$$

für die beiden reellen Randpunkte a und b.

In völliger Analogie zu den Orthogonalpolynomen kann nun mit Hilfe des Schmidtschen Orthogonalisierungsverfahrens für die linear unabhängigen Funktionen

$$1\,, \quad u(z)\,, \quad u^2(z), \ldots, \quad u^k(z), \ldots$$

und für jede auf $[a, b]$ gegebene Belegung $\gamma(x)$ ein Orthogonalsystem

$$Q_0(x)\,, \quad Q_1(x), \ldots, \quad Q_k(x), \ldots$$

konstruiert werden, für das

$$\int_a^k \gamma(x)\, Q_l(x)\, Q_k(x)\, dx = 0$$

genau für $l \neq k$ gilt [21].

Es sei dieses Integral als inneres Produkt in $L^2[a, b]$

$$(f, g)_{L^2} = \int_a^b \gamma(x)\, f(x)\, g(x)\, \mathrm{d}x \tag{51}$$

interpretiert.

Das orthogonale Funktionensystem $\{Q_l, l = 0, 1, \ldots\}$ darf wie im Fall der Polynome $(u(z) = z)$ durch die folgende Rekursionsformel beschrieben werden:

$$Q_0(x) = 1\,, \quad Q_1(x) = u(x) - a_1\,, \tag{52}$$

$$Q_{n+2}(x) = (u(x) - a_{n+2})\, Q_{n+1}(x) - \frac{(Q_{n+1}, Q_{n+1})_{L^2}}{(Q_n, Q_n)_{L^2}}\, Q_n(x)$$

mit

$$a_{n+1} = \frac{(uQ_n, Q_n)_{L^2}}{(Q_n, Q_n)_{L^2}} \tag{53}$$

für $n = 0, 1, \ldots$.

Im Fall $a = -b$ und symmetrischer Belegung

$$\gamma(x) = \gamma(-x)\,, \quad x \in [-b, b]$$

gilt $a_{n+1} = 0$, $n = 0, 1, \ldots$.

Übertragungen auf nicht endliche Bereiche $\mathscr{B}$ sind möglich.

Wir wollen den in diesem Zusammenhang interessanten Fall einer symmetrischen Funktion $u(z)$ als Satz formulieren und beweisen.

Satz 2: *Für die Grundfunktion $u(z)$ mit $|u(-b)| = |u(b)| = 1$ und*

$$u(x) = -u(-x)\,, \quad x \in [-b, b]\,, \tag{54}$$

seien mit symmetrischer Gewichtsfunktion

$$\gamma(x) = \gamma(-x)\,, \quad x \in [-b j\, b]\,, \tag{55}$$

die Funktionen $Q_k(x)$ nach (52) *gebildet. Dann gilt*

$$(Q_k, u^m)_{L^2} = 0 \quad \text{für} \quad m < k\,. \tag{56}$$

Beweis: Es gilt wegen (54) und (55) sofort $(uQ_n, Q_n)_{L^2} = 0$ und damit auch $a_{n+1} = 0$, $n = 0, 1, \ldots$.

Der weitere Beweis wird durch vollständige Induktion geführt.

Anfangsschritt: Wegen (54) und (55) gilt für $Q_1(x) = u(x)$

$$\int_{-b}^{b} \gamma(x)\, u(x)\, \mathrm{d}x = 0$$

und für $Q_2(x) = u^2(x) - \frac{(u, u)_{L^2}}{(1, 1)_{L^2}}$ folgt auch $\int_{-b}^{b} \gamma(x)\, Q_2(x)\, \mathrm{d}x = 0$ und wegen (54) weiter $\int_{-b} \gamma(x)\, u(x)\, Q_2(x)\, \mathrm{d}x = 0$.

Wir haben also gezeigt

$$(Q_1, 1)_{L^2} = 0\,, \quad (Q_2, 1)_{L^2} = 0\,, \quad (Q_2, u)_{L^2} = 0\,.$$

Es wird angenommen, es gelte

$$(Q_k, u^j)_{L^2} = 0 \quad \text{für} \quad k \leqq n + 1 \quad \text{und} \quad j < k - 1\,.$$

Dann ist $(Q_{n+2}, u^j) = 0$ für $j = 0(1)\, n + 1$ zu zeigen. Aus

$$Q_{n+2}(x) = u(x)\, Q_{n+1}(x) - \frac{(Q_{n+1}, Q_{n+1})_{L^2}}{(Q_n, Q_n)_{L^2}}\, Q_n(x) \tag{52'}$$

folgt mit der Induktionsannahme nun

$$(Q_{n+2}, u^k)_{L^2} = 0\,, \qquad k = 0(1)\,n-1\,.$$

Mit (52′) ist weiter

$$(Q_{n+2}, Q_n)_{L^2} = \int_{-b}^{b} \left(\gamma(x)\, u(x)\, Q_{n+1}(x)\, Q_n(x) - \gamma(x)\, Q_n(x)\, Q_n(x) \frac{(Q_{n+1}, Q_{n+1})_{L^2}}{(Q_n, Q_n)_{L^2}} \right) dx\,.$$

Es folgt

$$(Q_{n+2}, Q_n)_{L^2} = 0$$

genau dann, wenn

$$\int_{-b}^{b} \gamma(x)\, u(x)\, Q_{n+1}(x)\, Q_n(x)\, dx = (Q_{n+1}, Q_{n+1})_{L^2}$$

gilt.

Das ist aber wegen

$$(Q_{n+1}, Q_{n+1})_{L^2} = \left(Q_{n+1}, uQ_n - \frac{(Q_n, Q_n)_{L^2}}{(Q_{n-1}, Q_{n-1})_{L^2}} Q_{n-1} \right)_{L^2} = (Q_{n+1}, uQ_n)_{L^2}$$

der Fall, weil $(Q_{n+1}, u^k)_{L^2} = 0$ für $k = 0(1)\,n$ bzw. $(Q_{n+1}, Q_{n-1})_{L^2} = 0$ nach der Induktionsvoraussetzung erfüllt ist.

Da $Q_n(x) = u^n(x) + C_{n-2}u_{n+2}(x) + \cdots$ und $(Q_{n+2}, u^k)_{L^2} = 0$, für $k \leqq n-1$ ist, erhalten wir somit

$$(Q_{n+2}, u^n)_{L^2} = 0\,.$$

Aus

$$(Q_{n+2}, Q_{n+1})_{L^2} = \left(uQ_{n+1} - \frac{(Q_{n+1}, Q_{n+1})_{L^2}}{(Q_n, Q_n)_{L^2}} Q_n, Q_{n+1} \right)_{L^2}$$

folgt sofort $(Q_{n+2}, Q_{n+1})_{L^2} = 0$ und damit auch, wie im Fall $(Q_{n+2}, Q_n)_{L^2} = 0$, die noch fehlende Aussage

$$(Q_{n+1}, u^{n+1})_{L^2} = 0\,.$$

Damit ist der Satz bewiesen.

Wir kehren zu den Quadraturen zurück.

Für die Orthogonalfunktionen $Q_n(x)$ gilt

$$\int_{-b}^{b} \gamma(x)\, Q_n(x) \sum_{l=0}^{n-1} c_l u^l(x)\, dx = 0\,.$$

Werden nun die $Q_n(x)$ in der Form

$$Q_n(x) = \prod_{i=1}^{n} (u(x) - u(x_i^{(n)})) \tag{56}$$

geschrieben, so folgt

$$\int_{-b}^{b} \gamma(x) \prod_{\substack{i \neq r \\ i=1}}^{n} (u(x) - u(x_i^{(n)}))^2\, (u(x) - u(x_r^{(n)}))\, dx = 0$$

für $r = 1(1)\,n$. Das ist aber die Forderung (30) aus 5.2 an die Stützstellen der verallgemeinerten Gauss-Quadraturen. Die Nullstellen $x_i^{(n)}$, $i = 1(1)\,n$ der Orthogonalfunktion $Q_n(x)$ sind also die Stützstellen der durch (20) bzw. (29) und (30) definierten Gauss-Quadraturen*).

Es folgen zwei Beispiele zur Berechnung von Orthogonalfunktionen.

Es sei $u(z) = \sin z$, $[-b, b] = [-\pi/2, \pi/2]$ und $\gamma(x) = 1$.

*) In (20) sowie (29) und (30) beginnt die Indizierung in den Quadraturen mit Null, hier mit 1.

Dann erhalten wir aus (52) die Orthogonalfunktionen

$$\left.\begin{aligned} Q_0(x) &= 1\,, \\ Q_1(x) &= \sin x\,, \\ Q_1(x) &= \sin^2 x - \tfrac{1}{2}\,, \\ Q_3(x) &= \sin^3 x - \tfrac{3}{4}\sin x\,, \\ Q_4(x) &= \sin^4 x - \sin^2 x + \tfrac{1}{8}\,, \\ Q_5(x) &= \sin^5 x - \tfrac{5}{4}\sin^3 x + \tfrac{5}{16}\sin x\,. \end{aligned}\right\} \tag{57}$$

Gehen wir zur Darstellung (56) über, so kann

$$Q_n(x) = \prod_{i=1}^{n} \left(\sin x - \sin \frac{2i-1-n}{n}\,\frac{\pi}{2}\right), \qquad n = 1, 2, \ldots, \tag{58}$$

elementar belegt werden. Die Nullstellen

$$x_i = \frac{\pi}{2}\,\frac{2i-1-n}{n}, \qquad i = 1(1)\,n\,, \tag{59}$$

sind äquidistant und liegen im Innern von $[-\pi/2, \pi/2]$.

Im zweiten Beispiel sei $u(z) = \mathrm{e}^z$. Diese Grundfunktion bildet die linke Halbebene (einen nicht endlichen Bereich) auf den Einheitskreis ab. Es gilt $|u(0 + iy)| = 1$, $-\infty < y < \infty$. Es werde weiter $\gamma(x) = \mathrm{e}^x$ gesetzt und das Intervall $[-\infty, 0]$ zugrunde gelegt. Das innere Produkt sei durch

$$(f, g)_{L^2} = \int_{-\infty}^{0} \gamma(x)\, f(x)\, g(x)\, \mathrm{d}x$$

erklärt. Nach (52) mit (53) erhalten wir dann die Orthogonalfunktionen

$$\left.\begin{aligned} Q_0(x) &= 1\,, \\ Q_1(x) &= \mathrm{e}^x - \frac{1}{2}\,, \\ Q_2(x) &= \mathrm{e}^{2x} - \mathrm{e}^{2x} + \frac{1}{6} = \left(\mathrm{e}^x - \frac{1}{2} + \frac{1}{2}\frac{\sqrt{3}}{3}\right)\left(\mathrm{e}^x - \frac{1}{2} - \frac{1}{2}\frac{\sqrt{3}}{3}\right), \\ Q_3(x) &= \mathrm{e}^{3x} - \frac{3}{2}\mathrm{e}^{2x} + \frac{3}{5}\mathrm{e}^x - \frac{1}{20} \\ &= \left(\mathrm{e}^x - \frac{1}{2}\right)\left(\mathrm{e}^x - \frac{1}{2} + \frac{1}{2}\frac{\sqrt{15}}{5}\right)\left(\mathrm{e}^x - \frac{1}{2} - \frac{1}{2}\frac{\sqrt{15}}{5}\right), \\ Q_4(x) &= \mathrm{e}^{4x} - 2\mathrm{e}^{3x} + \frac{9}{7}\mathrm{e}^{2x} - \frac{2}{7}\mathrm{e}^x + \frac{1}{70} \\ &= \left(\mathrm{e}^x - \frac{1}{2} + \frac{1}{2}\sqrt{1 - \frac{4}{7}\left(1 + \frac{\sqrt{30}}{10}\right)}\right)\left(\mathrm{e}^x - \frac{1}{2} - \frac{1}{2}\sqrt{1 - \frac{4}{7}\left(1 + \frac{\sqrt{30}}{10}\right)}\right) \\ &= \left(\mathrm{e}^x - \frac{1}{2} + \frac{1}{2}\sqrt{1 - \frac{4}{7}\left(1 - \frac{\sqrt{30}}{10}\right)}\right)\left(\mathrm{e}^x - \frac{1}{2} - \frac{1}{2}\sqrt{1 - \frac{4}{7}\left(1 - \frac{\sqrt{30}}{10}\right)}\right). \end{aligned}\right\} \tag{60}$$

9. Beispiele

Als erstes werden GAUSSsche Quadraturen zu den im vorigen Abschnitt aufgeführten, orthogonalen Funktionensystemen angegeben.

Beispiel 1: $\int_{-\pi/2}^{\pi/2} f(x)\,dx$ sei durch eine GAUSS-Quadratur $\sum_{r=1}^{n} a_{nr} f(x_r^{(n)})$ angenähert, wobei die Grundfunktion $u(z) = \sin z$ benutzt werde.

Das Orthogonalsystem (57) bzw. (58) mit dieser Grundfunktion liefert die Nullstellen

$$x_i^{(n)} = \frac{\pi}{2}\,\frac{2i-1-n}{n}\,, \quad i = 1(1)\,n\,, \quad n = 1, 2, \ldots . \tag{59}$$

Nach (29) errechnen sich die Gewichte

$$a_{nr} = \pi/n\,, \quad r = 1(1)\,n\,, \quad n = 1, 2, \ldots \tag{61}$$

Die GAUSSsche Quadratur liefert also den Näherungswert

$$\frac{\pi}{n} \sum_{r=1}^{n} f\left(\frac{\pi}{2}\,\frac{2r-1-n}{n}\right) \tag{62}$$

für das Integral

$$\int_{-\pi/2}^{\pi/2} f(x)\,dx\,.$$

Die Fixelemente der Quadratur sind die Funktionen

$$f(x) = \sum_{l=0}^{2n-1} c_l \sin^l x\,.$$

In der verallgemeinerten GAUSS-Quadratur (62) erkennen wir die Mittelpunkt- oder Tangententrapez-Regel wieder, die auch die Fixelemente 1 und x besitzt. Diese Regel ist besonders für periodische Integranden geeignet.

Man vergleiche zu diesem Beispiel [19] und [6] (S. 79, Sonderfälle).

Beispiel 2: Das Integral

$$\int_{-\infty}^{0} e^x f(x)\,dx$$

sei durch eine GAUSS-Quadratur

$$\sum_{r=1}^{n} a_{nr} f(x_r^{(n)})$$

angenähert, wobei die Grundfunktoin $u(z) = e^z$ benutzt werde.

Es werden die Werte $x_r^{(n)}$, $e^{x_r^{(n)}}$, a_{nr}, $r = 1(1)\,n$, für $n = 1(1)\,4$ angegeben. Dabei sind die Werte $e^{x_r^{(n)}}$ unmittelbar aus (60) ablesbar, und die a_{nr} sind durch (20) oder (29) mit diesen $e^{x_r^{(n)}}$ belegbar.

$n = 1$:		
−0,69314 71805 ,	0,50000 0000 ,	1
$n = 2$:		
−1,55435 8683 ,	0,21132 48654 ,	$\frac{1}{1}$
−0,23740 07868 ,	0,78867 51346 ,	$\frac{1}{2}$
$n = 3$:		
−2,18301 1081 ,	0,11270 16654 ,	5/18
−0,69314 71805 ,	0,50000 00000 ,	8/18
−0,11957 40120 ,	0,88729 83346 ,	5/18

$n = 4$:

$-2{,}66740\,9667$,	$0{,}06943\,18442$,	$0{,}17392\,74226$
$-1{,}10863\,3903$,	$0{,}33000\,94782$,	$0{,}32607\,25774$
$-0{,}40049\,17132$,	$0{,}66999\,05218$,	$0{,}32607\,25774$
$-0{,}07195\,99590$,	$0{,}93056\,81558$,	$0{,}17392\,74226$.

Fixelemente dieser Quadraturen sind die Funktionen

$$f(x) = \sum_{l=0}^{2n-1} c_l \, e^{lx} , \quad |c_l| < \infty , \quad l = 0(1)\, 2n - 1 .\text{*)}$$

Im folgenden werden einige Beispiele für gemischte Quadraturen im Fall $u(z) = z$ und $\gamma(x) \equiv 1$ diskutiert. Diese Beispiele gehören damit alle zu dem durch (36), (37) und (38) beschriebenen symmetrischen Fall.

Beispiel 3: Es sei über dem Integrationsintervall $[-1, 1]$ die Quadratur

$$\sum_{r=0}^{1} a_{nr} f(x_r)$$

bestimmt, die durch die speziellen Fixelemente

$$1 \,,\; x \,,\; \frac{1}{1 - x_0 x} ,\; \frac{1}{1 - x_1 x}$$

oder die Gesamtheit der Fixelemente

$$\frac{1}{1 - x_0 x} \cdot \frac{1}{1 - x_1 x} \sum_{l=0}^{3} c_l x^l , \quad |c_l| < \infty , \quad l = 0(1)\, 3$$

definierbar ist.

Die Bedingungsgleichungen (36), (37) und (38) liefern

$$x_0 = -x_1 , \quad a_{10} = a_{11} = 1$$

und

$$\frac{2 x_0}{1 - x_0^4} = \ln \frac{1 + x_0}{1 - x_0} . \tag{63}$$

Es wurde

$$\int_{-1}^{1} \frac{dx}{1 - x_0 x} = \frac{1}{x_0} \ln \frac{1 + x_0}{1 - x_0}$$

benutzt. Die letzte Bedingungsgleichung ist für

$$x_0 = 0{,}612770$$

erfüllt. Das Integral

$$I = \int_{-1}^{1} f(x)\, dx$$

wird also durch

$$I_1 = f(x_0) + f(-x_0) , \quad x_0 = 0{,}612770$$

näherungsweise berechnet. Integral und Näherung sind für

$$f(x) = \frac{1}{1 - x_0^2 x^2} \sum_{l=0}^{3} c_l x^l$$

identisch.

---

*) Die Normen der Fehlerfunktionale sind am Schluß von IV.1 angegeben.

Beispiel 4: Es werde das System (36), (37) und (38) im Fall $n = 2$ gelöst. Mit

$$Df = \int_{-1}^{1} f(x)\, dx$$

und $u(z) = z$ erhalten wir

$$\left.\begin{aligned} x_0 &= -x_2\,, & a_{20} &= a_{22}\,, & &\text{für} & r &= 0\,,\\ x_1 &= -x_1\,, & a_{21} &= a_{21}\,, & &\text{für} & r &= 1\,, \end{aligned}\right\} \tag{36'}$$

$$\left.\begin{aligned} 2 &= a_{20} + a_{21} + a_{22}\,, & &\text{für} & r &= 0\,,\\ \tfrac{2}{3} &= a_{20}x_0^2 + a_{21}x_1^2 + a_{22}x_2^2\,, & &\text{für} & r &= 1\,. \end{aligned}\right\} \tag{37'}$$

Diese Gleichungen reduzieren sich auf

$$\left.\begin{aligned} x_0 &= -x_2\,, & x_1 &= 0\,,\\ a_{20} &= a_{22}\,, & 2 &= 2a_{20} + a_{21}\,,\\ \tfrac{2}{3} &= 2a_{20}x_0^2\,. \end{aligned}\right\} \tag{64}$$

Mit $x_1 = 0$ und $x_0 = -x_2$ sei (38) notiert

$$\frac{1}{x_0}\ln\frac{1+x_0}{1-x_0} = \frac{2a_{20}}{1-x_0^4} + a_{21} \quad \text{für} \quad r = 0\,, \tag{65}$$

$$2 = a_{20} + a_{21} + a_{22} \quad \text{für} \quad r = 1\,.$$

Die letzte Bedingung ist eine Wiederholung der ersten von (37'). Aus (64) und (65) wird x_0 gewonnen. Es ergibt sich

$$\frac{1}{x_0}\ln\frac{1+x_0}{1-x_0} = \frac{2}{3}\,\frac{3+x_0^2-3\,x_0^4}{1-x_0^3}\,. \tag{66}$$

Diese Gleichung ist für

$$x_0 = 0{,}822\,509\,5$$

erfüllt. Aus (64) folgt damit

$$\begin{aligned} x_0 &= -x_2 = 0{,}822\,509\,5\,,\\ x_1 &= 0\,,\\ a_{20} &= a_{22} = 0{,}225\,507\,3\,,\\ a_{21} &= 1{,}548\,985\,4\,. \end{aligned}$$

Die Quadratur mit diesen Stützstellen und Gewichten über $[-1, 1]$ ist exakt für die Fixelemente

$$\frac{1}{1-x_0^2x^2}\sum_{l=0}^{5} c_l x^l\,, \qquad |c_l| < \infty\,, \qquad l = 0(1)\,5\,,$$

unter denen sich speziell auch die Elemente

$$\frac{1}{1 \mp x_0 x}\,, \frac{1}{1-x_0^2x^2}\,, \sum_{l=0}^{3} c_l^* x^l$$

befinden.

Beispiel 5: Es seien wieder (36), (37) und (38) für $n = 2$ gelöst, wobei diesmal aber auf die Erfüllung der Gleichung

$$\int_{-1}^{1} x^2\, dx = \sum_{r=0}^{2} a_{nr}x_r^2 \tag{39}$$

verzichtet werde. Eine Lösung ist dann

$$x_2 = -x_0\,, \quad x_1 = 0\,, \quad a_{20} = a_{22}\,,$$

$$a_{21} = \frac{1}{x_0^4}\left(2 - \frac{1 - x_0^4}{x_0}\ln\frac{1 + x_0}{1 - x_0}\right),$$

$$a_{20} = 1 - \tfrac{1}{2}\,a_{21}\,,$$

mit dem frei wählbaren Parameter $x_0 \in (-1, 1)$.

Diese Quadratur ist exakt für die Fixelemente

$$f(x) = \frac{1}{1 - x_0^2\,x^2}\sum_{l=0}^{3} c_l x^l$$

und speziell auch für

$$\frac{1}{1 \mp x_0 x}\,, \frac{1}{1 - x_0^2 x^2}\,, \quad c_0 + c_1 x\,.$$

Die gemischte Quadratur für $n = 1$ aus Beispiel 3 und die aus diesem Beispiel für $n = 2$ mit unterbestimmtem Gleichungssystem haben Fixelemente gleicher Bauart. Der Vorteil dieser Quadratur gegenüber der aus Beispiel 3 ist die Variabilität der Stützstelle x_0. Diese erlaubt es, die Stützstelle x_0 in der Nähe des Randes zu wählen, um Integranden mit Polen bei $+1$ oder -1 gut zu approximieren. Gegenüber der Quadratur aus Beispiel 3 ist die freie Wahl der Stützstelle x_0 mit der zusätzlichen Berechnung genau eines Funktionswertes erkauft worden. Wird in der hier besprochenen Quadratur der Wert $x_0 = 0{,}612770$ gewählt, so ergibt sich die Quadratur aus Beispiel 3 ($a_{21} = 0$).

Für zwei Werte von x_0 seien die Stützstellen und Gewichte angegeben.

Erstens:

$$x_0 = -x_2 = 0{,}7500000000\,, \quad x_1 = 0\,,$$
$$a_{20} = a_{22} = 0{,}6422574163\,, \quad a_{21} = 0{,}7154851673\,.$$

Zweitens:

$$x_0 = -x_2 = 0{,}9000000000\,, \quad x_1 = 0\,,$$
$$a_{20} = a_{22} = 0{,}3332592973\,, \quad a_{21} = 1{,}3334814054\,.$$

10. Weitere Bemerkungen

In den Abschnitten III.1 bis III.9 wurden Quadraturen betrachtet. Wird der in Formel (1) von III.1 definierte lineare beschränkte Operator D in anderer Weise, z.B. als Differentiationsoperator, erklärt, so bleiben alle Aussagen des Kapitels III erhalten, mit Ausnahme der über Gaussche und Wilfsche Quadraturen vom Gaussschen Typ. In diesen Fällen ist es für einen willkürlich gegebenen linearen beschränkten Operator D im allgemeinen nicht möglich, die Bedingung

$$D \prod_{\substack{l \neq r\\ l=0}}^{n} (u(z) - u(x_l))^2\,(u(z) - u(x_r)) = 0\,, \qquad r = 0(1)\,n\,, \tag{30}$$

für Gausssche Verfahren oder entsprechend (33) für Wilfsche Verfahren vom Gaussschen Typ zu erfüllen. Verfahren, die auf dem Interpolationstyp II mit $h_l(z) = u(z) - u_l$, $g_l(z) = 1 - u_l u(z)$, $l = 0, 1, \ldots,$ beruhen, sind stets optimal im Raum $H^2(\mathscr{B})$ in bezug auf die vorgegebenen Stützstellen, falls die Funktion u den Bereich $\mathscr{B}$ konform auf $\mathscr{E}$ abbildet.

Die Beschreibung der Quadraturen dieses Kapitels erfolgte stets in $H^2(\mathscr{B})$-Räumen. Der Grund der Wahl dieser Räume zur Charakterisierung von Quadraturen oder anderen linearen Approximationsverfahren ist in dem Kern einfacher Bauart: $\dfrac{1}{1-u(z)\,\overline{u(t)}}$ (verallgemeinerter SZEGÖ-Kern) zu suchen, der auch die wesentlichste Voraussetzung zur interpolatorischen Charakterisierung optimaler Quadraturen ist.

Im Fall, daß der Bereich $\mathscr{B} = \mathscr{E}_\varrho$ eine Ellipse mit den Brennpunkten -1 und $+1$ ist, wird häufig zur Herleitung optimaler Verfahren bzw. von Verfahren mit Minimalnorm über dem Intervall $[-1, 1]$ auch der Raum $L^2(\mathscr{E}_\varrho)$, mit dem inneren Produkt

$$(f, g) = \int_{\mathscr{B}} f(z)\,\overline{g(z)}\,dx\,dy\,, \qquad z = x + iy\,,$$

benutzt, siehe z.B. [32] und die dort angegebene Literatur.

In diesem Raum ist keine so einfache Darstellung des Kerns bekannt. Die TSCHEBYSCHEFF-Polynome 2-ter Art bilden allerdings in $L^2(\mathscr{E}_\varrho)$ ein vollständiges Orthogonalsystem.

CHAWLA und RAINA [2] führen im Raum $H^2(\mathscr{E}_\varrho; |\omega(z)|)$, inneres Produkt $(f, g) = \int_{\mathscr{E}_\varrho} \omega(z)\, f(z)\, \overline{g(z)}\, |dz|$, verschiedene Varianten GAUSSscher und optimaler Quadraturen vom GAUSSschen Typ für die Aufgabenstellung

$$Df = \int_{-1}^{1} \omega(x)\, f(x)\, dx$$

mit jeder der vier Gewichtsfunktionen

$$\omega(x) = (1 - x)^{\pm 1/2} \cdot (1 + x)^{\pm 1/2}$$

ein. Diese Aufgabenstellung kann auch im Raum $H^2(\mathscr{E}_\varrho)$ mit den hier bereitgestellten Mitteln gelöst werden.

Die Analyse einer vorgelegten Aufgabenstellung, z.B. die Analyse eines Integranden, sollte im allgemeinen zur Auswahl eines konkreten numerischen Verfahrens führen. Ein Kriterium, neben anderen (z.B. Stabilität), können dabei auch die gewünschten Fixelemente sein. Passen diese Fixelemente in die Typklassifizierung I bis IV der Interpolation, so können die dafür getroffenen Aussagen verwendet werden. In anderen Fällen kann von dem noch allgemeineren Ansatz aus I.14 ausgegangen werden.

Wählt man z.B. im Fall einer Quadratur, wie bei der SIMPSON-Regel, für das Grundintervall $[-1, 1]$ die Stützstellen

$$x_0 = -1\,, \quad x_1 = 0\,, \quad x_2 = 1$$

und gibt statt der Fixelemente

$$c_0 + c_1 t + c_2 t^2$$

die Elemente

$$c_0 + c_1 t + c_2\, e^t$$

vor, so erhält man die Gewichte

$$a_{20} = a_{22} = \frac{e^2 - 2e - 1}{e^2 - 2e + 1} = 0{,}322\,606\,225\,3\,,$$

$$a_{21} = \frac{4}{e^2 - 2e + 1} = 1{,}354\,787\,549\,4\,.$$

Zur Fehlerbehandlung derartiger Verfahren, die auf der Interpolation aus I.14 beruhen, werden zum Abschluß des nächsten Kapitels einige Bemerkungen gemacht.

IV. Restglieder und Restgliedschranken linearer Approximationsverfahren

Satz 2 aus Abschnitt III.2 liefert eine ableitungsfreie Restgliedabschätzung im Raum $H^2(\mathcal{B})$. Diese wird im ersten Teil dieses Kapitels diskutiert.

Ausgangspunkt zweier weiterer Abschätzungen ist das Restglied der LAGRANGE-Interpolation für die Interpolationstypen I und II.

Die Steigung aus dem Interpolationsrestglied wird a) als verallgemeinerte Ableitung gedeutet. Daraus resultieren Restgliedabschätzungen linearer Approximationsmethoden, die den klassischen analog sind.

Wird b) die Steigung aus dem Interpolationsrestglied als Koeffizient einer Orthonormalentwicklung in $H^2(\mathcal{B})$ behandelt, so resultieren Restgliedabschätzungen, die den ableitungsfreien nach Satz 2 aus III.2 analog sind, aber eine leichter zu berechnende Verfahrenskonstante besitzen.

1. Die Restgliedabschätzung aus III.2

Es werden lineare Approximationsverfahren auf interpolatorischer Grundlage der Form

$$\sum_{r=0}^{n} a_{nr} f(x_r)$$

betrachtet, die eine Näherung für

$$I = Df(z)$$

mit linearem Operator D darstellen.

In Abschnitt III.2, Satz 2, wurde für das Restglied

$$E_n f = Df(z) - \sum_{r=0}^{n} a_{nr} f(x_r) \tag{1}$$

die Abschätzung

$$|E_n f| \leqq \|f\| \, \|G_n\| \tag{2}$$

für Grundfunktionen $u(z)$ mit

$$|u(\pm b)| \leqq 1 \quad \text{und} \quad |u(x_r)| < 1 \,, \quad r = 0(1)\, n \,,$$

hergeleitet.

Dabei bildet die Funktion $u(z)$ den Bereich $\mathcal{B}$ auf die Einheitskreisscheibe $\mathcal{E}$ ab. Abschätzung (2) wurde aus der Darstellung

$$E_n f = (f, G_n)$$

für $f, G_n \in H^2(\mathcal{B})$ gewonnen.

Im Fall $u(z) = z$, $H^2(\mathcal{E})$ ist diese Abschätzung für $b < 1$ von Ph. J. DAVIS [3] erstmals angegeben worden.

G. Hämmerlin [16, 17] hat den Einfluß der Schrittweite im Fall äquidistanter Stützstellen in der Verfahrenskonstanten σ mit $\sigma \geqq ||G_n||$ herausgearbeitet. Im Fall $u(z) = z$ ist für $b = 1$ die Verfahrensnorm von H. S. Wilf [27] für die nach ihm benannten Quadraturen angegeben worden.

Die Abschätzung (2) ist im Fall $|u(\pm b)| < 1$ bei reellen Stützstellen für offene Verfahren: $-b < x_r < b$, $r = 0(1)\,n$, für geschlossene Verfahren: $-b = x_0 < x_1 < \cdots < x_{n-1} < x_n = b$, und für eine weitere Verfahrensklasse: es gibt wenigstens ein x_k mit $-1 < x_k < -b$ oder $b < x_k < 1$, anwendbar (ebenfalls für halboffene).

Im Fall $|u(\pm b)| = 1$ ist diese Abschätzung nur für offene Verfahren zugelassen. In beiden Fällen $|u(\pm b)| < 1$, $|u(\pm b)| = 1$ sind auch Verfahren mit komplexen Stützstellen $x_r \in \mathscr{B}$ zugelassen.

Es sei $\psi(z)$ ein Fixelement des Verfahrens, d. h.

$$E_n \psi = 0 \,. \tag{3}$$

Dann gilt

$$E_n f = E_n(f - \psi) \,, \tag{4}$$

und auch die Abschätzung

$$|E_n f| \leqq ||f - \psi|| \; ||G_n|| \,. \tag{5}$$

Die Abschätzungen in H^2-Räumen haben im Fall $u(z) = z$ wegen

$$||f|| = \left(\frac{1}{\lambda} \int_{\mathscr{C}} |f(t)|^2 \, ds\right)^{1/2} \leqq \operatorname*{Max}_{t \in \mathscr{C}} |f(t)| = M \tag{6}$$

und der daraus resultierenden einfachen Abschätzung

$$|E_n f| \leqq M \, ||G_n|| \tag{7}$$

breites Interesse gefunden.

Gegenstand einer großen Anzahl von Arbeiten ist die Berechnung oder Abschätzung von Verfahrenskonstanten σ mit

$$\sigma \geqq ||G_n||$$

im Fall $u(z) = z$. Diese erfolgt oft über die Reihenentwicklung

$$||G_n||^2 = \sum_{l=0}^{\infty} |d_l|^2 \,, \qquad d_l = D u^l(z) - \sum_{r=0}^{n} a_{nr} u^l(x_r) \tag{8}$$

der auch über

$$||G_n||^2 = D_z D_t K_u(z, t) - 2 \sum_{r=0}^{n} a_{nr} D_z K_u(z, x_r) + \sum_{r=0}^{n} \sum_{k=0}^{n} a_{nr} a_{nk} K_u(x_r, x_k) \,. \tag{9}$$

Für die in III.9 Beispiel 2 gegebenen Quadraturen seien die nach (9) berechneten Verfahrensnormen angegeben. Mit

$$D_z D_t K_u(z, t) = ||h||^2 = \frac{\pi^2}{6} \quad \text{und} \quad \int_{-\infty}^{0} \frac{e^z \, dz}{1 - e^{x_r} e^z} = \frac{1}{e^{x_r}} \ln (e^{x_r} - 1)$$

ergaben sich folgende Werte

n	1	2	3	4
$\|\|G_n\|\|^2$	0,206	0,0738	0,0377	0,0229

1.1. Bemerkungen zur Berechnung der Verfahrenskonstanten

Die Berechnung oder Abschätzung der Verfahrenskonstanten $\sigma \geqq ||G_n||$ im Fall $u(z) = z$ ist für Quadraturen (und auch für andere lineare Approximationsmethoden) auf der Basis des Interpolationstyps I (einfache interpolatorische und Gausssche) und des Typs II (WILFsche und WILFsche vom GAUSSschen Typ) hinreichend bekannt (siehe z.B. [16, 17, 18, 30, 31] und [27]).

Da im Abschnitt 2 eine Abschätzung in $H^2(\mathcal{B})$ geboten wird, die ebenfalls die Form $||f||$ aus $H^2(\mathcal{B})$, multipliziert mit einer Verfahrenskonstanten, hat und bzgl. der Exaktheit etwa gleichwertig mit der bisher angeführten (2) ist, wird eine Verallgemeinerung der Berechnung der Verfahrenskonstanten von DAVIS und HÄMMERLIN für $u(z) \not\equiv z$ hier nicht angestrebt.

An dieser Stelle sei nur auf einen Zusammenhang zwischen der Verfahrensnorm $||G_n||$ im Fall linearer Approximationsmethoden auf der Basis des Interpolationstyps II und den Orthogonalentwicklungen im Raum $H^2(\mathcal{B})$ hingewiesen.

In III.1 wurde die Aufgabenstellung

$$I = Df(z)$$

als inneres Produkt –

$$Df = (f, h) \tag{10}$$

im Raum $H^2(\mathcal{B})$ behandelt.

In Kapitel II wurde gezeigt, daß für den Interpolationstyp II mit

$$h_l(z) = u(z) - u(x_l)\,, \qquad g_l(z) = 1 - \overline{u(x_l)}\, u(z) \tag{11}$$

für

$$F_n(z) = N_n(f; z) \equiv L_n(f; z)\,, \qquad z \in \mathcal{B}\,, \tag{12}$$

die Orthogonalität

$$(F_n, f - F_n) = 0 \tag{13}$$

in $H^2(\mathcal{B})$ besteht.

Werden nun die Funktionen $f(z)$ und $h(z)$ in die Orthogonalreihen (die NEWTON-Interpolationsreihen des Interpolationstyps II)

$$f(z) = \sum_{l=0}^{\infty} A_l(f)\,(1 - |u_l|^2)\, q_l(z) \tag{14}$$

und

$$h(z) = \sum_{l=0}^{\infty} A_l(h)\,(1 - |u_l|^2)\, q_l(z) \tag{15}$$

unter den Voraussetzungen des Satzes 2 aus II.3 entwickelt, so gilt

$$Df = (f, h) = \sum_{l=0}^{\infty} A_l(f)\, A_l(h)\,(1 - |u_l|^2)\,. \tag{16}$$

Das lineare Approximationsverfahren $\sum_{r=0}^{n} a_{nr}(fx_r)$ auf der Basis des Interpolationstyps II habe nun die Ordnung m, d.h., es existiere für jedes $f \in H^2(\mathcal{B})$ eine Orthogonalentwicklung $F_{m-1}(z) = F_{m-1}(f; z)$ mit $E_n F_{m-1} = 0$, aber nicht für jedes $f \in H^2(\mathcal{B})$ eine Entwicklung $F_m(z)$ mit $E_n F_m = 0$. Dann gilt wegen

$$E_n f = E_n(f - F_{m-1}) = D(f - F_{m-1})\,,$$

mit (10) sofort

$$E_n f = (f - F_{m-1}(f), h) = (f - F_{m-1}(f), h - F_{m-1}(h))\,. \tag{17}$$

Hierbei sei $F_{m-1}(\varphi)$ stets die Orthogonalreihe zur angegebenen Funktion φ. Diese Entwicklung kann eine mit wiederholten Stützstellen sein (z.B. im Fall WILFscher Quadraturen vom GAUSSschen Typ).

Aus (17) folgt mit der SCHWARZschen Ungleichung die Abschätzung

$$\begin{aligned} |E_n f|^2 &\leqq ||f - F_{m-1}(f)||^2\, ||h - F_{m-1}(h)||^2 \\ &= (||f||^2 - ||F_{m-1}(f)||^2)\,(||h||^2 - ||F_{m-1}(h)||^2)\,. \end{aligned} \tag{18}$$

Hier ist elementar $||G_n||^2 = ||h||^2 - ||F_{m-1}(h)||^2$ belegbar.

Satz 1: *Für Verfahren, die auf dem Interpolationstyp* II *mit* (11) *basieren, gilt die Abschätzung*

$$|E_n f| = (||f||^2 - ||F_{m-1}||^2)^{1/2} \cdot \sigma$$

mit

$$\sigma = (||h||^2 - ||F_{m-1}(h)||^2)^{1/2} = ||G_n||$$

und

$$h(z) = D_t K_u(z, t) .$$

Aus Formel (9) von III.1 entnehmen wir

$$||h||^2 = D_z D_t K_u(z, t) = D_z D_t \frac{1}{1 - u(z)\, u(t)} . \tag{19}$$

Weiterhin sind die Koeffizienten $A_l(h)$ aus

$$||F_{m-1}(h)||^2 = \sum_{l=0}^{m-1} |A_l(h)|^2 \,(1 - |u_l|^2) \tag{20}$$

im Fall $x_i \neq x_j$ für $i \neq j$ mit der Rekursionsformel (18) von Abschnitt II.3 berechenbar. Im Fall wiederholter Argumente geschieht die Berechnung über die Hermitesche Form der Newton-Reihe des Interpolationstyps II, d. h. im Fall der Wilfschen Quadraturen vom Gaussschen Typ aus

$$h(x_r) = \sum_{l=0}^{2n+1} A_l(h)\, (1 - |u_l|^2)\, q_l(x_r) ,$$

$$h'(x_r) = \sum_{l=0}^{2n+1} A_l(h)\, (1 - |u_l|^2)\, q_l'(x_r) ,$$

jeweils für $r = 0(1)\, n$.

Eine zweite Möglichkeit zur Berechnung von $||F_{m-1}(h)||^2$ ist die folgende. Für die relevanten Approximationsverfahren gilt

$$DF_{m-1}(f; z) = \sum_{r=0}^{n} a_{nr} F_{m-1}(f; x_r) .$$

Wegen

$$DF_{m-1}(f; z) = (F_{m-1}(f), h)$$

und

$$DF_{m-1}(f; z) = \sum_{l=0}^{m-1} A_l(f)\, (1 - |u_l|^2)\, Dq_l(z) ,$$

gilt auch

$$A_l(h) = Dq_l(z) = D \frac{1}{1 - u_l u(z)} \prod_{i=0}^{l-1} \frac{u(z) - u_i}{1 - u_i u(z)} . \tag{21}$$

Für die Schranke aus Satz 1 gelten die folgenden Beziehungen.

$$|E_n f| \leqq ||f - F_{m-1}|| \cdot \sigma \leqq ||f - \psi||\, \sigma \leqq \max_{z \in \mathfrak{C}} |f(z) - \psi(z)| \cdot \sigma , \tag{22}$$

wobei $\psi(z)$ ein Fixelement sei, d. h. $E_n(\psi) = 0$.

Für lineare Approximationsmethoden auf der Basis des Interpolationstyp I wird folgendes bemerkt.

Es sei die Ordnung des Verfahrens m, d. h. mit

$$\varphi_k(z) = \sum_{l=0}^{k} c_l u^l(z) , \qquad |c_l| < \infty , \qquad l = 0(1)\, m-1 ,$$

gelte

$$E_n \varphi_k = 0 \qquad \text{für} \qquad k \leqq m - 1 ,$$

aber

$$E_n u^m \neq 0 .$$

Dann gilt

$$E_n f = E_n(f - L_{m-1,1}(f)) = D(f(z) - L_{m-1,1}(f; z))$$

und damit auch wieder die RIESZsche-Darstellung

$$E_n f = (f - L_{m-1,1}(f), h) .$$

Da weiter die Orthogonalentwicklung $F_{m-1}(f - L_{m-1,1}, (f); z)$ auf der Basis des Interpolationstyps II identisch Null ist, weil $f(z)$ und $L_{m-1,1}(f; z)$ an den Stützstellen übereinstimmen bzw. im Fall $n < m$ auch entsprechend viele Ableitungswerte, so folgt damit

$$E_n f = (f - L_{m-1,1}(f), h - F_{m-1}(h)) = \sum_{l=m}^{\infty} A_l(f - L_{m-1,1}(f))\, A_l(h)\, (1 - |u_l|^2) .$$

Die Abschätzung mit der SCHWARZschen Ungleichung ergibt

$$|E_n f| \leqq ||f - L_{m-1,1}(f)||\, (||h||^2 - ||F_{m-1}(h)||^2)^{1/2} . \tag{23}$$

Satz 2: *Für Verfahren, die auf dem Interpolationstyp* I *beruhen, gilt Abschätzung* (23).

Bemerkung: Für Verfahren auf der Basis des Interpolationstyps I sind nach Satz 2 Abschätzungen möglich, die eine optimale Verfahrenskonstante analog der im Fall der WILFschen Verfahren (Typ II) benutzen. Die Verfahrenskonstanten in Satz 1 und 2 unterscheiden sich nur dadurch, daß die zugrunde gelegten Argumente nicht dieselben sein müssen. Die Verfahrensnorm in (23) ist minimal bei vorgegebenen Argumenten. Dafür ist eine gewisse Starrheit in der Funktionennorm entstanden. Während in Satz 1 $||f - F_{m-1}(f)||$ durch $||f - \psi||$, wobei ψ ein Fixelement des Verfahrens sei, ersetzt werden darf, ist in Satz 2 $L_{m-1,1}(f; z)$ nicht durch andere Fixelemente zu ersetzen.

Allerdings ist statt (23) die Abschätzung

$$|E_n f| \leqq ||f - \psi - L_{m-1,1}(f - \psi)|| \cdot (||h||^2 - ||F_{m-1}(h)||^2)^{1/2} \tag{24}$$

für beliebiges ψ, mit $E_n\psi = 0$, möglich.

Wegen

$$f(z) - L_{m-1,1}(f; z) = \sum_{l=m}^{\infty} A_l(f - L_{m-1;1}(f))\, (1 - |u_l|^2)\, q_l(z)$$

und

$$A_l(f - L_{m-1,1}(f)) = A_l(f) - A_l(L_{m-1,1}(f))$$

gilt

$$||f - L_{m-1,1}(f)|| \leqq (||f||^2 - ||F_{m-1}(f)||^2)^{1/2} + (||L_{m-1,1}(f)||^2 - ||F_{m-1}(f)||^2)^{1/2} .$$

Es folgt mit

$$M \geqq \text{Max}\, (||f|| , \quad ||L_{m-1,1}(f)||) \tag{25}$$

aus Satz 2 die Abschätzung

$$|E_n f| = 2(M^2 - ||F_{m-1}(f)||^2)^{1/2}\, (||h||^2 - ||F_{m-1}(h)||^2)^{1/2} \tag{26}$$

für lineare Approximationsverfahren auf der Basis des Interpolationstyps I.

2. Abschätzungen über das interpolatorische Restglied

2.1. Das Restglied linearer interpolatorischer Approximationsverfahren

Wir betrachten die LAGRANGE-Darstellung von $f(z)$ mit Restglied (siehe I.1)

$$f(z) = L_{m-1}(f; z) + A_m(f; x_0, \dots, x_{m-1}, z) \prod_{i=0}^{m-1} \frac{h_i(z)}{g_i(z)} \tag{27}$$

für die Interpolationstypen I oder II.

Bei Anwendung eines linearen Operators D auf $f(z)$ erhalten wir

$$Df(z) = DL_{m-1}(f; z) + DA_m(f; x_0, \ldots, x_{m-1}, z) \prod_{i=0}^{m-1} \frac{h_i(z)}{g_i(z)}. \tag{28}$$

Es seien wie oben wiederholte Argumente zugelassen. Dann kann (vergleiche Kapitel III)

$$DL_{m-1}(f; z) = \sum_{r=0}^{n} a_{nr} f(x_r) = I_n f$$

mit $n < m$ geschrieben werden, oder z.B. auch

$$DL_{m-1}(f; z) = \sum_{r=0}^{n} a_{nr} f(x_r) + \sum_{r=0}^{n} b_{nr} f'(x_r) = I_n f$$

mit $m = 2n + 2$ (Verfahren, die Linearkombinationen von Funktionen und Ableitungswerte beinhalten, seien zugelassen). Wir können uns diese durch Anwendung eines linearen beschränkten Operators D auf eine HERMITEsche Interpolationsfunktion entstanden denken.

Für das Restglied $E_n f = If - I_n f$ gilt

$$E_n f = DA_m(f; x_0, \ldots, x_{m-1}, z) \prod_{i=0}^{m-1} \frac{h_i(z)}{g_i(z)}. \tag{29}$$

2.2. Das Separieren der Steigung

Es sei D ein Operator von nicht zu großer Allgemeinheit (z.B. Berechnung eines Funktionswertes an einer vorgegebenen Stelle, Differentiation, Integration). Dann ist es möglich, die Steigung im Restglied (29) zu separieren. Das kann in der Weise

$$E_n f = A_m(f; x_0, \ldots, x_{m-1}, \xi)\, D \prod_{i=0}^{m-1} \frac{h_i(z)}{g_i(z)}, \qquad \xi \in \mathcal{B}^* \subseteq \mathcal{B}, \tag{30}$$

(oder durch eine Summe von Steigungen multipliziert mit Konstanten) geschehen.

Falls $D \left| \prod_{i=0}^{m-1} \frac{h_i(z)}{g_i(z)} \right|$ kein sinnloser Ausdruck ist, kann auch durch

$$|E_n f| \leqq \operatorname*{Max}_{z \in \mathcal{B}^*} |A_m(f; x_0, \ldots, x_{m-1}, z)|\, D \left| \prod_{i=0}^{m-1} \frac{h_i(z)}{g_i(z)} \right| \tag{31}$$

mit $\mathcal{B}^* \subseteq \mathcal{B}$ abgeschätzt werden. $\mathcal{B}^*$ ist hierbei ein Bereich oder ein Intervall und durch den Operator D bestimmt.

Sonderfälle:

a) Interpolation. Es bedeute

$$Df(z) = f(\alpha) \tag{32}$$

mit $\alpha \in \mathcal{B}$, $\alpha \neq x_i$, $i = 0(1)\, m - 1$.

In diesem Fall ist $E_n f$ das Interpolationsrestglied. Aus (29) folgt mit (32)

$$E_n f = A_m(f; x_0, \ldots, x_{m-1}, \alpha) \prod_{i=0}^{m-1} \frac{h_i(\alpha)}{g_i(\alpha)}. \tag{33}$$

Diese Darstellung ist von der Form (30).

b) Quadratur. Es bedeute

$$Df(z) = \int_{-b}^{b} \gamma(x)\, f(x)\, dx, \qquad z = x + iy, \tag{34}$$

mit $u(\pm b) < 1$ und nicht negativer Gewichtsfunktion $\gamma(x)$.

In diesem Fall ist eine Separierung der Steigung in der Form (31) nach dem Mittelwertsatz der Integration stets möglich

$$|E_n f| = \max_{-b \leq x \leq b} |A_m(f; x_0, \ldots, x_{m-1}, x)| \int_{-b}^{b} \gamma(x) \left| \prod_{i=0}^{m-1} \frac{h_i(x)}{g_i(x)} \right| dx . \tag{35}$$

Bei Verfahren, für die $\prod_{i=0}^{m-1} h_i(x)$, für $x \in [-b, b]$ nicht das Vorzeichen wechselt, ist auch die Separierung in der Form (30) durch

$$E_n f = A_m(f; x_0, \ldots, x_{m-1}, \xi) \int_{-b}^{b} \gamma(x) \prod_{i=0}^{m-1} \frac{h_i(x)}{g_i(x)} dx , \qquad \xi \in (-b, b) \tag{36}$$

gegeben. Z.B. für alle GAUSS-Verfahren ist die Darstellung (36) gültig.

c) Näherungsweise Differentiation. Es bedeute

$$Df(z) \doteq \frac{d}{dz} f(z) \bigg|_{z=\alpha} = f'(\alpha) , \qquad \alpha \in \mathscr{B} .$$

Das Restglied (29) im Fall der näherungsweisen Differentiation ist durch

$$E_n f = \frac{d}{dz} (A_m(f; x_0, \ldots, x_{m-1}, z)\, w_{m-1}(z)) \bigg|_{z=\alpha} \tag{37}$$

gegeben. Es folgt

$$E_n f = A_m(f; x_0, \ldots, x_{m-1}, \alpha)\, w'_{m-1}(\alpha) + A'_m(f; x_0, \ldots, x_{m-1}, \alpha)\, w_{m-1}(\alpha) . \tag{38}$$

Wird in (38) $\alpha = x_k$, $k \in \{0, 1, \ldots, m-1\}$, gewählt, so gilt $w_{m-1}(\alpha) = 0$ und damit

$$E_n f = A_m(f; x_0, \ldots, x_{m-1}, \alpha)\, w'_{m-1}(\alpha) . \tag{39}$$

In diesem Fall ist die gewünschte Separierung der Steigung vollzogen.

Im anderen Fall $\alpha \neq x_i$, $i = 0(1)\, m-1$, wollen wir $A'_m(\cdots)$ durch Steigungen selbst ausdrücken.

Aus (44), Satz 14 von I.11, folgt

$$A_{m+1}(f; x_0, \ldots, x_{m+1}) = \frac{\dfrac{A_m(f; x_0, \ldots, x_{m-1}, x_{m+1})\, g_m(x_{m+1}) - A_m(f; x_0, \ldots, x_m)\, g_m(x_m)}{x_{m+1} - x_m}}{\dfrac{h_m(x_{m+1}) - h_m(x_m)}{x_{m+1} - x_m}} .$$

Der Grenzwert für $x_{m+1} \to x_m$ ergibt

$$A_{m+1}(f; x_0, \ldots, x_m, x_m) = \frac{\dfrac{d}{dz} (A_m(f; x_0, \ldots, x_m, z)\, g_m(z)|_{z=x_m}}{h'_m(x_m)} .$$

Für die Ableitung der Steigung aus (38) ergibt sich damit (es sei $\alpha = x_m$ gesetzt)

$$A'_m(f; x_0, \ldots, x_{m-1}, x_m)$$
$$= A_{m+1}(f; x_0, \ldots, x_{m-1}, x_m, x_m) \frac{h'_m(x_m)}{g_m(x_m)} - A_m(f; x_0, \ldots, x_m) \frac{g'_m(x_m)}{g_m(x_m)} . \tag{40}$$

Bemerkung: Diese Beziehung geht im klassischen Fall $h_i(z) = z - x_i$, $g_i(z) \equiv 1$ in die bekannte Relation

$$\frac{d}{dx_m} A_m(f; x_0, \ldots, x_{m-1}, x_m) = A_{m+1m}(f; x_0, \ldots, x_{m-1}, x_m, x_m) \tag{41}$$

über.

Mit (40) läßt sich nun (38) durch

$$\left.\begin{aligned} E_n f = A_m(f; x_0, \ldots, x_{m-1}, \alpha) \left\{ w'_{m-1}(\alpha) - \frac{g'_m(\alpha)}{g_m(\alpha)} w_{m-1}(\alpha) \right\} \\ + A_{m+1}(f; x_0, \ldots, x_{m-1}, \alpha, \alpha) \frac{h'_m(\alpha)}{g_m(\alpha)} w_{m-1}(\alpha) \end{aligned}\right\} \tag{42}$$

in separierter Form aufschreiben. Hierbei sei $x_m = \alpha$ bei der Bildung von $h_m(z)$ und $g_m(z)$ gesetzt.

2.3. Verallgemeinerung des klassischen Restgliedes

Im klassischen Fall $u(t) = t$ sind für die Steigungen

$$A_n(f; t_0, \ldots, t_n) = \sum_{r=0}^{n} f(t_r) \prod_{\substack{i \neq r \\ i=0}}^{n} \frac{1}{t_r - t_i}$$

die Beziehung

$$A_n(f; t_0, \ldots, t_n) = \frac{1}{n!} f^{(n)}(\xi), \qquad \xi \in (\operatorname*{Min}_i t_i, \operatorname*{Max}_i t_i)$$

für reelle Argumente t_i und

$$A_n(f; t_0, \ldots, t_n) = \Theta \frac{1}{n!} f^{(n)}(\xi)$$

mit $\xi \in \mathscr{B}^*$, $\Theta \leqq 1$, für komplexe Argumente bekannt. $\mathscr{B}^*$ ist dabei der kleinste konvexe geschlossene, durch Polygonzüge begrenzte, die Punkte $t_0, \ldots, t_n$ enthaltende Bereich (siehe [29], S. 3).

Verwenden wir nun die Transformation

$$t = u(z), \quad t_r = u(x_r),$$

so ist für die Steigungen des Interpolationstyps I sofort die Beziehung

$$A_n(f; x_0, \ldots, x_n) = \frac{1}{n!} \frac{\mathrm{d}^n}{\mathrm{d}u} f(z) \Big|_{z=\xi}, \qquad \xi \in (\operatorname*{Min}_r x_r, \operatorname*{Max}_r x_r), \tag{43}$$

für reelle und entsprechend

$$A_n(f; x_0, \ldots, x_n) = \frac{1}{n!} \frac{\mathrm{d}^n}{\mathrm{d}u} f(z) \Big|_{z=\xi}, \qquad \xi \in \mathscr{B}^*, \qquad \Theta \leqq 1, \tag{43'}$$

für komplexe Argumente gegeben. Hierbei ist $\mathscr{B}^*$ ebenso wie im obigen Fall festgelegt.

Für Steigungen des Interpolationstyps II erhalten wir entsprechend den Ausführungen des Abschnittes I.7 „Zusammenhänge zwischen den Interpolationstypen" die Relation

$$A_{n,g}(f; x_0, \ldots, x_n) = A_{n,1}\left(f \prod_{i=0}^{n-1} g_i, x_0, \ldots, x_n\right) = \Theta \frac{1}{n!} \frac{\mathrm{d} f(z) \prod_{i=0}^{n-1} g_i(z)}{\mathrm{d}u} \Bigg|_{z=\xi}, \tag{44}$$

wobei Θ und ξ wie oben zu bestimmen sind ($\Theta = 1$ für reelle Argumente).

Mit (43) bzw. (43′) werden nun für lineare Approximationsverfahren auf der Basis des Interpolationstyps I verallgemeinerte klassische Restgliedschranken angegeben. Wir beschränken uns auf die Sonderfälle aus dem vorigen Abschnitt. Der hierbei verwendete Bereich $\mathscr{B}^*$ sei das in (43) angegebene Intervall oder der in (43′) benutzte Bereich, entsprechend der Fallunterscheidung nur reelle Argumente und komplexe Argumente. Für Verfahren auf der Basis des Typs II können derartige Schranken in analoger Weise mit Hilfe von (44) aufgeschrieben werden.

a) Interpolation. Aus (33) folgt mit (43) oder (43') für den Typ I ($g_i(z) \equiv 1$) die Abschätzung

$$|E_n f| \leqq \frac{1}{m!} \max_{z \in \mathcal{B}^*} \left| \frac{\mathrm{d}^m f(z)}{\mathrm{d}u^m} \right| \cdot \left| \prod_{i=0}^{m-1} h_i(\alpha) \right| . \tag{45}$$

b) Quadratur. Aus (35) folgt mit (43) oder (43')

$$|E_n f| \leqq \frac{1}{m!} \max_{z \in \mathcal{B}^*} \left| \frac{\mathrm{d}^m f(z)}{\mathrm{d}u^m} \right| \cdot \int_{-b}^{b} \gamma(x) \left| \prod_{i=0}^{m-1} h_i(x) \right| \mathrm{d}x . \tag{46}$$

Speziell für Gauss-Quadraturen folgt aus (36) auch

$$|E_n f| \leqq \frac{1}{m!} \max_{-b \leqq z \leqq b} \left| \frac{\mathrm{d}^m f(z)}{\mathrm{d}u^m} \right| \cdot \int_{-b}^{b} \gamma(x) \prod_{i=1}^{n} h_i^2(x)\, \mathrm{d}x . \tag{47}$$

Für Gauss Quadraturen $\sum_{r=1}^{n} a_{nr} f(x_r)$ gilt $m = 2n - 1$ und $x_{n+r} = x_r$, $r = 1(1)\, n$.

c) Näherungsweise Differentiation. Im Fall $\alpha = x_k$, $k \in \{0, 1, \ldots, m-1\}$, folgt aus (39)

$$|E_n f| \leqq \frac{1}{m!} \max_{z \in \mathcal{B}} \left| \frac{\mathrm{d}^m f(z)}{\mathrm{d}u^m} \right| \left| \prod_{\substack{i=0 \\ i \neq k}}^{m-1} h_i(x_k)\, h_k'(x_k) \right| . \tag{48}$$

Im allgemeineren Fall $\alpha \in \mathcal{B}$ folgt aus (42)

$$|E_n f| \leqq \frac{1}{m!} \max_{z \in \mathcal{B}^*} \left| \frac{\mathrm{d}^m f(z)}{\mathrm{d}u^m} \right| \cdot \left| w_{m-1}'(\alpha) \right| + \frac{1}{(m+1)!} \max_{z \in \mathcal{B}^*} \left| \frac{\mathrm{d}^{m+1} f(z)}{\mathrm{d}u^{m+1}} \right| |u'(\alpha)\, w_{m-1}(\alpha)| . \tag{49}$$

Hierbei sei wieder $\alpha = x_m = x_{m+1}$ gesetzt.

2.4. Abschätzung über die Norm aus $H^2(\mathcal{B})$

Wir bleiben bei linearen Approximationsverfahren auf der Grundlage des Interpolationstyps I.

Wir nehmen weiterhin an, daß der Fehler dieser Verfahren in separierter Form entsprechend (30) (oder (31)) durch

$$E_n f = A_{m,1}(f; x_0, \ldots, x_{m-1}, \xi) \cdot v_n , \quad \xi \in \mathcal{B}^* \tag{50}$$

vorliege. (Oder durch eine Summe von Steigungen multipliziert mit Konstanten.) Es werde wieder durch die Indizes 1 oder g zwischen den Typen I ($g_i(z) \equiv 1$) und II ($g_i(z) \not\equiv 1$) unterschieden. Weiter sei $\psi(z)$ ein Fixelement des Operators $L_{m-1,1}$ und damit auch des betrachteten Approximationsverfahrens. Dann dürfen wir statt (50) auch schreiben (siehe I.7)

$$E_n f = A_{m,g}\left((f - \psi) \prod_{i=0}^{m-1} \frac{1}{g_i}, \quad x_0, \ldots, x_{m-1}, \xi \right) \cdot v_n , \qquad \xi \in \mathcal{B}^* . \tag{51}$$

In (51) steht nun ein Koeffizient einer Orthonormalentwicklung im Raum $H^2(\mathcal{B})$. Wegen $||\varphi||^2 = \sum_{l=0}^{\infty} |A_l(\varphi)|^2 (1 - |u_l|^2)$ wird abgeschätzt

$$\left.\begin{aligned} &\left| A_{m,g}\left((f - \psi) \prod_{i=0}^{m-1} \frac{1}{g_i} ; \quad x_0, \ldots, x_{m-1}, \xi \right) \right|^2 \\ &\leqq \left(\left\| (f - \psi) \prod_{i=0}^{m-1} \frac{1}{g_i} \right\|^2 - \left\| F_{m-1}\left((f - \psi) \prod_{i=0}^{m-1} \frac{1}{g_i} \right) \right\|^2 \right) \frac{1}{1 - |u(\xi)|^2} \\ &\leqq \left\| (f - \psi) \prod_{i=0}^{m-1} \frac{1}{g_i} \right\|^2 \frac{1}{1 - |u(\xi)|^2} . \end{aligned}\right\} \tag{52}$$

Diese Abschätzung ist für $x_0, \ldots, x_{m-1}, \xi \in \mathcal{B}^* \subset \mathcal{B}$ stets möglich. Wir erhalten somit

$$|E_n f| \leqq \left\| (f - \psi) \prod_{i=0}^{m-1} \frac{1}{g_i} \right\| \frac{v_n}{\sqrt{1 - |u(\xi)|^2}}. \tag{53}$$

Das Argument ξ ist durch

$$\frac{1}{1 - |u(\xi)|^2} \leqq \underset{t \in \mathcal{B}^*}{\mathrm{Max}} \frac{1}{1 - |u(t)|^2} \leqq \frac{1}{1 - |u(b)|^2} \tag{54}$$

eingeschränkt. $\mathcal{B}^*$ sei wieder der in 2.3 angegebene, hier durch das betrachtete Verfahren festgelegte Bereich. Die Konstante b aus (54) ist ebenfalls durch das Verfahren gegeben, z.B. im Fall der Integration durch die Intervallgrenzen $\pm b$. Es muß

$$|u(x_r)| \leqq |u(b)|, \qquad r = 0(1)\,m-1 \tag{55}$$

gelten, um (54) zu erfüllen.

Benutzen wir nun ($\mathcal{C}$ sei wieder der Rand von $\mathcal{B}$)

$$C = \underset{z \in \mathcal{C}}{\mathrm{Max}} \left| \prod_{i=0}^{m-1} \frac{1}{g_i(z)} \right| = \underset{z \in \mathcal{C}}{\mathrm{Max}} \left| \prod_{i=0}^{m-1} \frac{1}{1 - u_i u(z)} \right|, \tag{56}$$

so erhalten wir wegen

$$\left\| (f - \psi) \prod_{i=0}^{m-1} \frac{1}{g_i} \right\| \leqq \|f - \psi\| \cdot C$$

aus (53) und (54) die Abschätzung

$$|E_n f| \leqq \|f - \psi\| \frac{C\, v_n}{\sqrt{1 - |u(b)|^2}}. \tag{57}$$

Diese Abschätzung läßt sich noch vereinfachen. Wird wieder (55) vorausgesetzt, so folgt wegen $|u(z)| = 1$ für $z \in \mathcal{C}$

$$C \leqq C^* = \begin{cases} \displaystyle\prod_{i=0}^{[m/2]} \frac{1}{1 - |u(b)|^2} & \text{für} \quad u(x_r) = -u(x_{m-1-r}), \quad (r = 0(1)m-1) \\ \displaystyle\prod_{i=0}^{m-1} \frac{1}{1 - |u(b)|} & \text{sonst}. \end{cases} \tag{58}$$

Damit erhalten wir

$$|E_n f| \leqq \|f - \psi\| \frac{C^* v_n}{\sqrt{1 - u(b)^2}}. \tag{59}$$

Satz 3: *Es sei* $f \in H^2(\mathcal{B})$. *Dann gelten die Abschätzungen* (57) *und* (59) *mit* (55), (56) *und* (58) *für lineare Approximationsverfahren auf der Grundlage des Interpolationstyps* I, *falls* (50) *erfüllt ist.*

Betrachten wir die in 2.3 behandelten Verallgemeinerungen klassischer Fehlerschranken, so ist zu erkennen, daß diese von der Gestalt

$$|E_n f| \leqq \frac{1}{m!} \underset{z \in \mathcal{B}^*}{\mathrm{Max}} \left| \frac{\mathrm{d}^m f(z)}{\mathrm{d}u^m} \right|_{z=\xi} \cdot v_n, \qquad \xi \in \mathcal{B}^*$$

mit genau der Konstanten v_n aus (57) und (59) sind.

In beiden Fällen sind nur solche Verfahren zugelassen, bei denen $|u(\pm b)| < 1$ gilt.

Die Schranken (57) und (59) sind für den Fall $u(z) = z$ im Raum $H^2(\mathcal{E})$ in [33] hergeleitet worden. In dieser Arbeit wurde auf die Darstellung von $f(z)$ als Orthogonalreihe (Takenaka-Reihe) in $H^2(\mathcal{E})$ verzichtet. Statt dessen wurden für Steigungen und Ableitungen Integraldarstellungen benutzt, um sie durch Normen von f in $H^2(\mathcal{E})$

abzuschätzen. Die Berechnung bzw. Abschätzung der Konstanten C aus (57) ist elementar. Beim Übergang von Abschätzung (57) zu (59) geht zwar Genauigkeit verloren, dafür hängt die gröbere Konstante C^* nur von b und der Verfahrensordnung m ab. Der Vorteil von (59) gegenüber der in der Literatur diskutierten Abschätzung

$$|E_n f| \leqq ||f - \psi|| \cdot \sigma\,, \qquad \sigma \leqq ||G_n||$$

ist der folgende: Die Verfahrenskonstante σ wird aus der unendlichen Reihe

$$||G_n||^2 = |d_l|^2\,, \qquad d_l = E_n u^l \tag{60}$$

berechnet bzw. abgeschätzt. Dabei gilt (siehe auch [33])

$$v_n = |E_n u^m = |d_m|\,.$$

Das heißt, in (59) und auch (57) wird nur das erste von Null verschiedene Glied der Reihenentwicklung (60) benötigt, multipliziert mit einem, im Vergleich zur Berechnung oder Abschätzung von (60), elementar zu berechnenden Faktor. Im klassischen Fall $u(z) = z$ liegt die Bedeutung auch darin, daß die durch $m!$ dividierte Verfahrenskonstante v_n in Tabellenwerken für alle gängigen Verfahren vorliegt. Im Fall der Quadratur wurde die Schranke (59) für $u(z) = z$ im Raum $H^2(\mathscr{E})$ in [33] mit σ-Abschätzungen von G. Hämmerlin [16, 17, 18] verglichen.

Als Ergebnis folgt eine Gleichwertigkeit der σ-Abschätzungen und der Schranken aus (59) im Fall der Newton-Cotes-Formeln. Für kleine Werte b und kleines n ist die σ-Abschätzung und für größere Werte b und mit wachsendem n ist die Abschätzung (59) die etwas schärfere. Füs die Simpson-Regel z.B. wird ein $b^* \approx 0{,}56$ und für die geschlossene Newton-Cotes-Regel mit 5 Stützstellen wird ein $b^* \approx 0{,}32$ angegeben, derart, daß für $0 < b < b^*$ die σ-Abschätzung und für $b^* < b < 1$ die Abschätzung (59) die kleinere Schranke liefert.

Bei Gauss-Verfahren ergaben sich durchweg Vorteile von (59) gegenüber der σ-Abschätzung aus [18], insbesondere mit wachsendem n.

Für die drei Sonderfälle sei die Schranke (59) notiert.

a) Interpolation. Aus (33) folgt für den Interpolationstyp I

$$|E_n f| = ||f - \psi|| \left(\frac{1}{1 - |u(b)|}\right)^m \frac{1}{\sqrt{1 - |u(b)|^2}} \left|\prod_{i=0}^{m-1} (u(\alpha) - u(x_i))\right| \tag{61}$$

und für symmetrisch verteilte Werte von $u(z)$

$$u(x_r) = -\,u(x_{m-1-r})\,, \qquad r = 0(1)\,m-1$$

auch

$$|E_n f| = ||f - \psi|| \frac{1}{\sqrt{1 - |u(b)|^2}} \left(\frac{1}{1 - |u(b)|^2}\right)^{[m/2]} \left|\prod_{i=0}^{m-1} (u(\alpha) - u(x_i))\right|. \tag{62}$$

b) Quadratur. Aus (35) folgt

$$|E_n f| = ||f - \psi||\, C^* \frac{1}{\sqrt{1 - |u(b)|^2}} \int_{-b}^{b} \gamma(x) \left|\prod_{i=0}^{m-1} (u(x) - u(x_i))\right| \mathrm{d}x \tag{63}$$

mit C^* aus (58).

Speziell für Gauss-Quadraturen gilt ($\gamma(x) \equiv 1$)

$$|E_n f| = ||f - \psi|| \left(\frac{1}{1 - |u(b)|^2}\right)^n \frac{1}{\sqrt{1 - |u(b)|^2}} \int_{-b}^{b} \prod_{i=1}^{n} (u(x) - u(x_i))^2\, \mathrm{d}x\,. \tag{64}$$

c) Näherungsweise Differentiation. Im Fall $\alpha = x_k$, $k \in \{0, 1, \ldots, m-1\}$, folgt aus (39)

$$|E_n f| = ||f - \psi||\, C^* \frac{1}{\sqrt{1 - |u(b)|^2}} \left| \prod_{\substack{i \neq k \\ i=0}}^{m-1} h_i(x_k)\, h'_k(x_k) \right| \tag{65}$$

(vergleiche (48)).

Im allgemeineren Fall $\alpha \in \mathscr{B}$ werden hier die beiden Steigungen aus (42) durch

$$|A_m(f; x_0, \ldots, x_{m-1}, \alpha)| = ||f - \psi||\, C^* \frac{1}{\sqrt{1 - |u(b)|^2}}$$

und

$$|A_{m+1}(f; x_0, \ldots, x_{m-1}, \alpha, \alpha)| = ||f - \psi||\, C^* \frac{1}{\sqrt{1 - |u(b)|^2}} \frac{1}{1 - |u(\alpha)|}$$

mit gemeinsamen $\psi(z) = \sum_{l=0}^{m-1} c_l u^l(z)$ abgeschätzt. Dann ergibt sich die Schranke

$$|E_n f| = ||f - \psi|| \frac{C^*}{\sqrt{1 - |u(b)|^2}} \left\{ w'_{m-1}(\alpha) + \frac{u'(\alpha)\, w_{m-1}(\alpha)}{1 - |u(\alpha)|} \right\} \tag{66}$$

(vergleiche (49)).

Bemerkt sei noch, daß die Schranke (59) im Fall der Quadraturen auch für zusammengesetzte Verfahren (das Integrationsintervall wird äquidistant unterteilt, und auf jedes Teilintervall sei das Quadraturverfahren angewandt) gültig ist, das heißt, daß (59) eine gemeinsame Schranke für die Fehler der Quadraturen über den Teilintervallen liefert.

Beispiel: Betrachtet wird der klassische Fall $u(z) = z$, $H^2(\mathscr{E})$.

Das Integrationsintervall sei $[-b, b]$, $0 < b < 1$.

Die Gauss-Quadratur mit der Gewichtsfunktion $\gamma(x) = 1$ und der Ordnung $2n$ werde k-fach zusammengesetzt über dem Intervall $[-b, b]$ auf einen Integranden $f(x)$ angewandt. Die klassische Verfahrenskonstante v_n ist dann (siehe z. B. [28])

$$v_n = k \cdot \left(\frac{b}{k}\right)^{2n+1} \frac{(n!)^4\, 2^{2n+1}}{(2n+1)\,[(2n)!]^3}.$$

Für $f \in H^2(\mathscr{E})$ ergibt sich damit bei Gauss-Quadraturen die Schranke ($b < 1$)

$$\left| \int_{-b}^{b} f(x)\, dx - \sum_{r=1}^{n} a_{nr} f(x_r) \right| ||f - \psi|| \frac{1}{\sqrt{1 - b^2}} \left(\frac{1}{1 - b^2}\right)^n k \frac{\left(\frac{2b}{k}\right)^{2n+1} (n!)^4}{(2n+1)\,[(2n)!]^2}, \tag{67}$$

wobei für ψ jedes Fixelement der Quadratur stehen darf.

3. Bemerkungen zu Restgliedabschätzungen bei allgemeineren Verfahren

Die vorangegangenen Fehlerabschätzungen betreffen lineare Approximationsmethoden auf der Basis der Interpolationstypen I und II. Werden nun allgemeinere Verfahren betrachtet, z. B. solche, die auf der Grundlage der Interpolation aus I.14 durch

$$D\mathscr{L}_n(f; z) = \sum_{r=0}^{n} a_{nr} f(x_r) = I_n(f) \tag{68}$$

entstehen, so lassen sich die bisher getroffenen Aussagen über Restgliedschranken weitgehend auch auf diese ausdehnen.

Für das Restglied

$$E_n f = Df(z) - I_n(f)$$

gelten wegen

$$f(x_r) - \mathcal{L}_n(f; x_r) = 0\,, \quad r = 0(1)\,n\,,$$

in einem geeignet gewählten Raum $H^2(\mathcal{B})$ die Restglieddarstellungen

$$\begin{aligned} E_n f &= DA_{n+1}(f(z) - \mathcal{L}_n(f; z); x_0, \dots, x_n, z)\, w_n(z) \\ &= D \sum_{l=n+1}^{\infty} A_l(f(z) - \mathcal{L}_n(f; z); x_0, \dots, x_n, \dots, x_l) \frac{g_l(x_l)}{g_l(z)} w_{l-1}(z) \end{aligned} \tag{69}$$

mit $x_l \in \mathcal{B}$, $l = 0, 1, \dots$ Die zweite Darstellung ist an die Holomorphie von $f(z)$ und $\mathcal{L}_n(f; z)$ im Bereich $\mathcal{B}$ gebunden. Die Darstellungen in (69) können für den Typ I oder II interpretiert werden.

Auf die erste Restglieddarstellung aus (69) läßt sich die in Abschnitt 2 behandelte Variante der Abschätzungen in $H^2(\mathcal{B})$-Räumen anwenden, falls $f(z)$ und $\mathcal{L}_n(f; z)$ in $\mathcal{B}$ holomorph sind. Auf die zweite Restglieddarstellung aus (69) ist die Abschätzung, die in Abschnitt 1 behandelt wurde, anwendbar. Es ergibt sich dann eine Schranke der Form

$$|E_n f| \leqq ||f(t) - \mathcal{L}_n(f; t)||\, v^*\,, \tag{70}$$

wobei v^* eine Verfahrenskonstante aus Abschnitt 1 oder 2 sei. Mit

$$\operatorname{Max}\,(||f(t)||, ||\mathcal{L}_n(f; t)||) = M \tag{71}$$

gilt

$$||f(t) - \mathcal{L}_n(f; t)|| = 2(M^2 - ||\psi||^2)^{1/2}\,,$$

wobei $\psi(z)$ ein Fixelement des in (69) zugrunde gelegten Interpolationstyps ist.

Literaturverzeichnis

[1] BERGMANN, S.: The Kernel Function and Conformal Mapping. Mathematical Surveys, vol. 5, Amer. Math. Soc., New York, 1950.

[2] CHAWLA, M. M. und RAINA, B. L.: Properties of optimal quadratures for analytic functions. Journal of Math. and Phys. Sciences, vol. 8, 5 (1974), 397–412.

[3] DAVIS, PH. J.: Errors of numerical approximation for analytic functions. J. Rat. Mech. and Anal. 2, 1953, 303–313.

[4] DAVIS, PH. J. and RABINOWITZ, PH.: Methods of Numerical Integration. Computer Science and Appl. Math., Academic Press, New York, San Francisco, London 1975.

[5] ECHKARDT, U.: Einige Eigenschaften WILFscher Quadraturformeln. Num. Math. 12, 1–7 (1968).

[6] ENGELS, H.: Über einige allgemeine lineare Interpolationsoperatoren und ihre Anwendung auf Quadratur und RICHARDSONextrapolation. Bericht der Kernforschungsanlage Jülich Nr. 831, 1972.

[7] ENGELS, H.: Über numerische Differentiationsprozesse, Habilitationsschrift, Aachen 1971. Bericht der KFA Jülich: Jül-756-Ma (1971).

[8] ENGELS, H.: WILFsche Quadraturformeln mit gegebenen Stützstellen. Angewandte Informatik H. 12 (1971) 557–560.

[9] ENGELS, H.: Spezielle Interpolationsquadraturen vom GAUSS'schen Typ. Lecture Notes Math. 1973, Bd. 333.

[10] ENGELS, H.: Über allgemeine GAUSS'sche Quadraturen. Computing 10 (1972), 83–95.

[11] ENGELS, H.: RUNGE-KUTTA-Verfahren auf der Basis von Quadraturformeln. Internat. Ser. numer. Math., Basel, 19 (1974), S. 83–102.

[12] ENGELS, H. u. ECHKARDT, U.: Symmetrische WILFsche Quadraturformeln. Bericht der KFA Jülich.

[13] ENGELS, H. u. MANGOLD, R.: Über eine Klasse WILFscher Quadraturformeln. Bericht der KFA Jülich: Jül-789-Ma (1971).

[14] FREUD, G.: Orthogonale Polynome. Berlin 1969, Verlag d. Wiss.

[15] GONTSCHAROFF, W. L.: Interpolationstheorie und Näherungsfunktionen (russ.). Moskau–Leningrad, GTTI, 1934.

[16] HÄMMERLIN, G.: Über ableitungsfreie Schranken für Quadraturfehler. Num. Math. 5, 1963, 226–233.

[17] HÄMMERLIN, G.: Über ableitungsfreie Schranken für Quadraturfehler II. Num. Math. 7, 1965, 232–237.

[18] HÄMMERLIN, G.: Fehlerabschätzungen bei numerischer Integration nach GAUSS. Methoden und Verfahren d. math. Phys., Band 6, B-I-Hochschulskripten Nr. 725, 1972, 153–163.

[19] HÄMMERLIN, G.: Zur numerischen Integration periodischer Funktionen. ZAMM 39, 1959, 80–82.

[20] KRYLOV, W. I.: Näherungsweise Berechnung von Integralen (russ.). Staatlicher Verlag für phys.-math. Literatur, Moskau 1959.

[21] NATANSON, I. P.: Konstruktive Funktionentheorie. Berlin, 1955.

[22] RICHTER, N.: Properties of minimal integration rules I. SIAM. J. Numer. Anal. 7 (1970), 67–79.

[23] Richter-Dyn, N.: Properties of minimal integration rules II. SIAM J. Numer. Anal. 8 (1971), 497–508.

[24] Takenaka, S.: On the orthogonal functions and the new formula of interpolation. Jap. J. of Math., vol. 2, 1925, 129–149.

[25] Thiele, T. N.: Interpolationsrechnung. Teubner, Leipzig 1909.

[26] Walsh, J. L.: Interpolation and Approximation. Math. Colloquium Series, vol. 20, New York, 1935.

[27] Wilf, H. S.: Exactness conditions in numerical quadrature. Num. Math. 6, 315–319 (1964).

[28] Handbook of Mathematical Functions, ed. by M. Abramowitz, I. A. Stegun. Appl. Mathem. Series. 55, 1964.

[29] Ostrowski, A. M.: Solution of Equations and Systems of Equations. New York, London, Academic Press 1966.

[30] Kofroň, J.: Die ableitungsfreien Fehlerabschätzungen von Quadraturformeln I. Aplikace Matematiky, Band 17, 1971, Heft 1.

[31] Kofroň, J.: Die ableitungsfreien Fehlerabschätzungen von Quadraturformeln II. Aplikace Matematiky, Band 17, 1972, Heft 2.

[32] Barnhill, Robert R.: Optimal Quadratures in $L^2(\xi_\xi)$. II. SIAM J. Numer. Anal., vol. 4, No. 4, 1967.

[33] Zielas, W.: Determination of Derivative-free Error Bounds in Linear Approximation Methods from the Classical Remainder Term. Wird veröffentlicht.

Bei Fragen zur Produktsicherheit wenden Sie sich bitte an:
If you have any questions regarding product safety,
please contact:

Walter de Gruyter GmbH
Genthiner Straße 13
10785 Berlin
productsafety@degruyterbrill.com